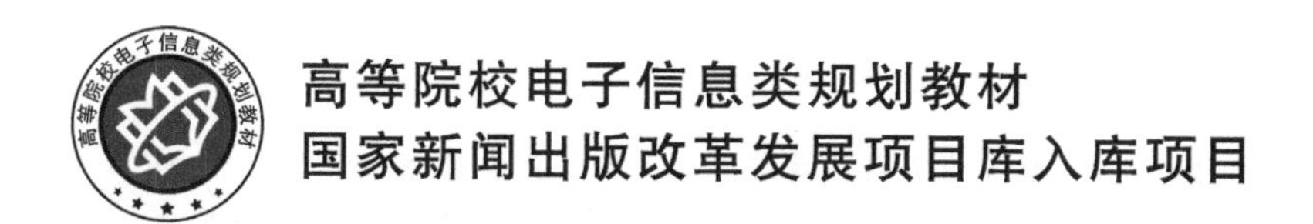

单片机实验与实训指导教程

主　编　赵　杰
副主编　罗志勇　杨美美　冯明驰

北京邮电大学出版社
www.buptpress.com

内 容 简 介

《单片机实验与实训指导教程》是单片机实验实训教材或单片机教学参考书，主要内容包括 MCS-51 系列单片机基础知识、Keil 和 Proteus 软件介绍、基于 Keil 和 Proteus 软件的仿真实验、基于开发板的 51 实验和基于开发板的 STM 32 进阶实验。

本书所有实验案例的源代码均可扫描书中二维码免费下载，且所有实验代码全都通过实物的调试，程序条理清晰，其中部分内容参考了深圳市普中科技有限公司提供的论坛（www. prechin. net）的实验项目。本书适合开设 MCS-51 单片机或 STM 32 单片机实验实践课程的本科和专科学校的学生使用。

图书在版编目(CIP)数据

单片机实验与实训指导教程 / 赵杰主编. -- 北京 : 北京邮电大学出版社，2024.6 -- ISBN 978-7-5635-7242-7

Ⅰ. TP368.1

中国国家版本馆 CIP 数据核字第 2024MH3782 号

策划编辑：姚　顺　**责任编辑：**廖　娟　**责任校对：**张会良　**封面设计：**七星博纳

出版发行：北京邮电大学出版社
社　　址：北京市海淀区西土城路 10 号
邮政编码：100876
发 行 部：电话：010-62282185　传真：010-62283578
E-mail：publish@bupt. edu. cn
经　　销：各地新华书店
印　　刷：保定市中画美凯印刷有限公司
开　　本：787 mm×1 092 mm　1/16
印　　张：8.5
字　　数：212 千字
版　　次：2024 年 11 月第 1 版
印　　次：2024 年 11 月第 1 次印刷

ISBN 978-7-5635-7242-7　　定价：29.80 元

前　言

单片机的应用领域广泛，小到电动遥控玩具行业，大到航空航天技术等电子行业都有单片机的应用。为了让广大学生、爱好者、产品开发者迅速掌握单片机技术，市场上出现了单片机开发板（又称为单片机学习板或单片机实验板），也出现了很多与单片机相关的书籍。

目前，单片机教学是从 MCS-51 系列单片机开始，但由于其局限性，部分高校开展了 STM32 系列的实践教学，因此有必要出版一本教材帮助学生从 MCS-51 系列单片机进阶到 STM32 系列单片机，以掌握两种单片机的使用方法。

本书共分为 5 章，首先讲解了单片机基础知识，然后从仿真实验和以普中开发板为载体的实物实验出发，列举了与单片机关键知识点相关的实验项目，通过分析实验原理和开发板原理图进行系统配置和编程训练，帮助学生尽快掌握单片机应用技术。

参与本书编写的人员还有重庆邮电大学的邬东升、张蕾、陈帅等，在此表示衷心感谢。由于编者水平有限，书中难免有错误和不妥之处，敬请读者批评指正。

编　者

目　　录

第 1 章　MCS-51 系列单片机基础知识

目前，单片机应用已经深入到各个领域，导弹的导航装置，飞机上各种仪表的控制，计算机的网络通信与数据传输，工业自动化过程的实时控制和数据处理，广泛使用的各种智能 IC 卡，民用轿车的安全保障系统，录像机、摄像机、全自动洗衣机的控制，以及程控玩具、电子宠物等，这些都离不开单片机的应用。

本教材介绍的 MCS-51 系列单片机是高性能的 8 位单片机，其中 8051、8031、8751 三种单片机除了内置程序存储器有区别外，内部结构和引脚均相同。8051 是最早最典型的产品，该系列的其他单片机都是在 8051 的基础上演化而来，所以本书均以 80C51 为例进行介绍。

本章主要介绍 MCS-51 系列单片机的内部结构和外部引脚及功能、单片机的复位电路以及特殊功能寄存器等。

1.1　MCS-51 系列单片机内部结构

单片微型计算机是指把中央处理器(CPU)、存储器、可编程 I/O 口、可编程串行口以及定时器/计数器等部件制作在一块集成电路芯片中而构成的一个完整的微型计算机。这些功能部件通常挂靠在内部总线上，通过内部总线传送数据信息和控制信息。其内部结构如图 1.1 所示。

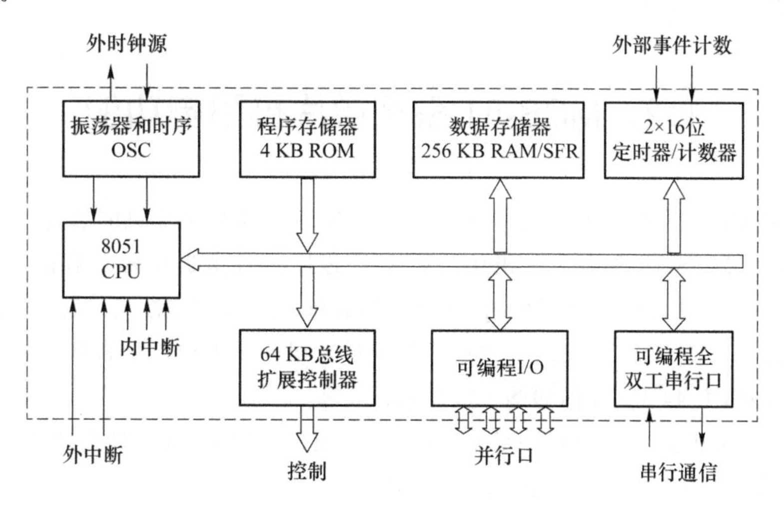

图 1.1　MCS-51 系列单片机内部结构

按其功能部件划分可以看出，MCS-51 系列单片机由以下 8 部分组成。

(1) 1 个 8 位中央处理器(CPU)。CPU 是单片机的核心部件，它包含运算器、控制器以及若干寄存器等部件。

(2) 256 KB 的内部数据存储器(RAM)。MCS-51 系列单片机芯片共有 256 个 RAM，其中后 128 个 RAM 被专用寄存器占用，能作为寄存器供用户使用的只是前 128 个 RAM，用于存放可读写的数据。因此，我们通常所说的内部数据存储器就是指前 128 个 RAM(简称内部 RAM)，它是一个多用多功能数据存储器，有数据存储、通用工作寄存器、堆栈、位地址等空间。

(3) 4 KB 的内部程序存储器(ROM)。MCS-51 系列单片机内部有 4 KB/8 KB 的 ROM (51 系列为 4 KB，52 系列为 8 KB)，用于存放程序、原始数据或表格。因此，我们将其称之为程序存储器，地址范围为 0000H～FFFFH(64 KB)。

(4) 4 个 8 位可编程 I/O 口。MCS-51 系列单片机共有 4 个 8 位的可编程 I/O 口(P0、P1、P2、P3)以实现数据的输入和输出。

(5) 1 个可编程全双工串行口。MCS-51 系列单片机有 1 个可编程的全双工的串行口，以实现单片机和其他设备之间的串行数据传送。该串行口功能较强，既可作为全双工异步通信收发器使用，也可作为移位器使用。RXD(P3.0)脚为接收端口，TXD(P3.1)脚为发送端口。

(6) 2 个 16 位定时/计数器。MCS-51 系列单片机共有 2 个 16 位的定时器/计数器，以实现定时/计数功能，并以其定时/计数结果对计算机进行控制。做定时器时，靠内部分频时钟频率计数实现；做计数器时，对 P3.4(T0)或 P3.5(T1)端口的低电平脉冲计数。

(7) 可寻址 64 KB 外部程序存储器和 64 KB 数据存储空间的控制电路。

(8) 5 个中断源。MCS-51 系列单片机的中断功能较强，以满足不同控制应用的需要。5 个中断源，即外中断 2 个，内中断 3 个，包括定时中断 2 个和串行中断 1 个，全部中断分为高级和低级共二个优先级别。

1.2 MCS-51 系列单片机引脚功能

要想掌握 MCS-51 系列单片机，就应先了解 MCS-51 系列单片机的引脚，熟悉并且牢记各引脚的功能。MCS-51 系列单片机中各种型号芯片的引脚是互相兼容的。制造工艺为 HMOS 的 MCS-51 系列单片机都采用 40 只引脚的双列直插封装方式，如图 1.2 所示。

制造工艺为 CHMOS 的 80C51/80C52 系列单片机除了采用双列直插封装方式外，还采用方形封装方式，为 44 只引脚，如图 1.3 所示。

由于方形封装的其中 4 只引脚是不用的，所以通常采用 40 只引脚直插式封装形式。

40 只引脚按其功能来分，可分为以下 3 类。

① 电源及晶振引脚(4 只)：V_{cc}、V_{ss}、XTAL1、XTAL2。

② 控制引脚(4 只)：$\overline{PSEN}$、ALE/$\overline{PROG}$、$\overline{EA}$/V_{PP}、RST/V_{PD}。

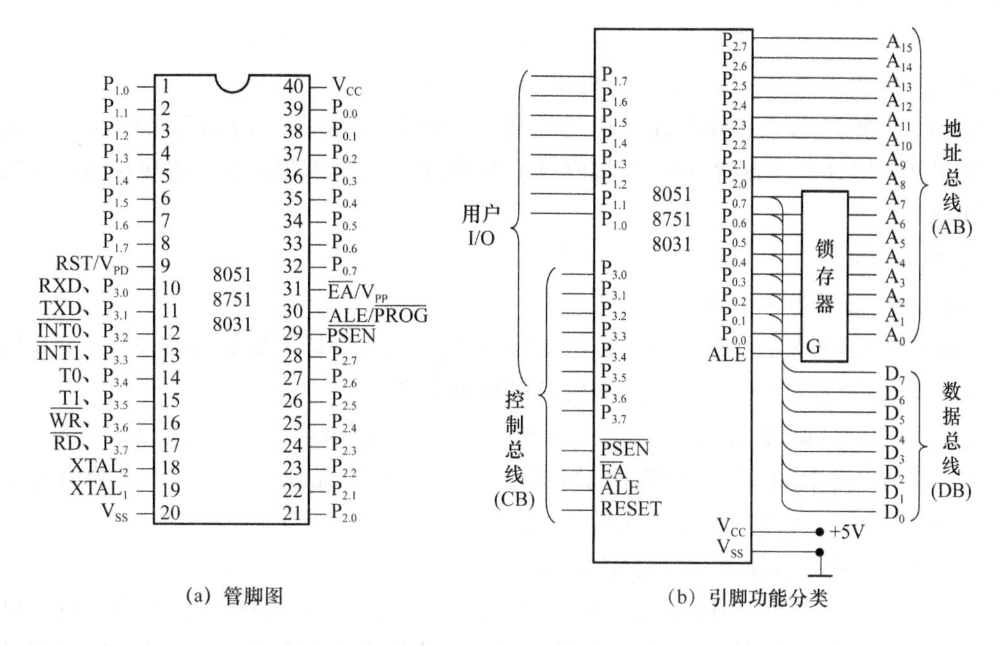

(a) 管脚图　　　　(b) 引脚功能分类

图 1.2　MCS-51 系列单片机的双列直插封装方式的引脚

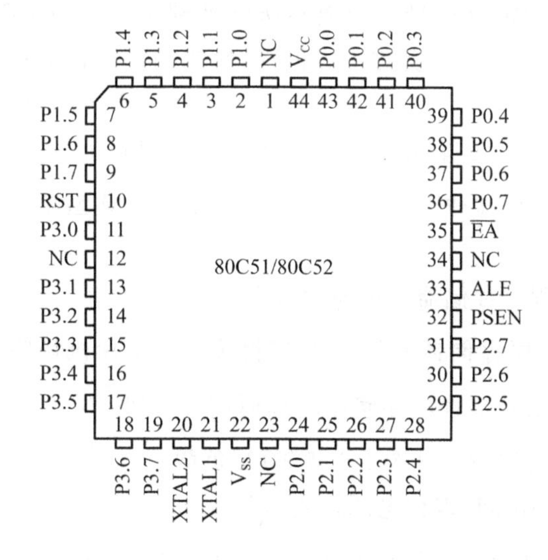

图 1.3　MCS-51 系列单片机的方形封装方式的引脚

③ 并行 I/O 口引脚(32 只):P0、P1、P2、P3,为 4 个 8 位 I/O 口的外部引脚。

下面结合图 1.2 和图 1.3 说明单片机的各个引脚功能。

1. 电源及外接晶振引脚

(1) 电源引脚。

V_{cc}(第 40 脚):+5 V 电源引脚。

V_{ss}(第 20 脚):接地引脚。

(2) 外接晶振引脚。

XTALI(第 19 脚)和 XTAL2(第 18 脚):外接晶振的两个引脚,外接晶体与片内的反相放大器构成了一个振荡器,它为单片机提供了时钟控制信号。

XTAL1(第 19 脚):接外部晶体的一个引脚。该引脚是内部反相放大器的输入端,这个反相放大器构成了片内振荡器。采用外接晶体振荡器时,此引脚应接地。

XTAL2(第 18 脚):接外部晶体的另一端,在该引脚内部接至内部反相放大器的输出端。采用外部时钟振荡器时,该引脚接收时钟振荡器的信号,即把此信号直接接到内部时钟发生器的输入端。

2. 控制引脚

(1) 复位/备用电源引脚。

RST(第 9 脚):复位引脚。单片机上电后,其内部各寄存器都处于随机状态。若在该引脚上输入满足复位时间要求的高电平,将使单片机复位。

V_{PD}(第 9 脚):备用电源引脚。当主电源 V_{CC} 发生故障,降低到某一规定值的值时,将+5 V 电源自动接入 RST 端,为内部 RAM 提供备用电源,以保证片内 RAM 中的信息不丢失,从而使单片机在复位后能继续正常工作。

(2) 地址锁存使能输出/编程脉冲输入引脚。

ALE(第 30 脚):地址锁存使能输出引脚。ALE 为地址锁存允许信号,当单片机上电正常工作后,ALE 引脚不断输出正脉冲信号。当访问单片机外部存储器时,ALE 输出信号的负跳沿用作低 8 位地址的锁存信号。即使不访问外部锁存器,ALE 端仍有正脉冲信号输出,此频率为时钟振荡器频率的六分之一。但是,每当访问外部数据存储器时,在两个机械周期中 ALE 只出现一次,即丢失一个 ALE 脉冲。因此,严格来说,用户不宜用 ALE 作精确的时钟源或定时信号。ALE 端可以驱动 8 个 LS 型 TTL 负载。

$\overline{\text{PROG}}$(第 30 脚):编程脉冲输入端。在对片内 EPROM 型单片机编程写入时,此引脚作为编程脉冲输入端。

(3) 输出访问片外程序存储器读选通信号引脚。

$\overline{\text{PSEN}}$(第 29 脚):程序存储器允许输出控制端。在单片机访问外部程序存储器时,此引脚输出的负脉冲作为读外部程序存储器的选通信号。$\overline{\text{PSEN}}$引脚外部程序存储器的输出允许($\overline{\text{OE}}$)端。$\overline{\text{PSEN}}$端可以驱动 8 个 LS 型 TTL 负载。

(4) 外部 ROM 允许访问/编程电源输入引脚。

$\overline{\text{EA}}$(第 31 脚):外部 ROM 允许访问引脚。当$\overline{\text{EA}}$端为高电平时,单片机访问内部程序存储器,但在 PC 值超过 0FFFH 时(对于 8051、8751 来说为 4 KB),将自动转向执行外部程序存储器内的程序。当$\overline{\text{EA}}$端为低电平时,不论是否有内部程序存储器,都只访问外部程序存储器。

V_{pp}(第 31 脚):编程电源输入引脚。在对含有 EPROM 的单片机(如 8751)进行 EPROM 固化编程时,用于施加较高编程电压的输入端,对于 89C51 则 V_{pp} 编程电压为+12 V 或+5 V。

3. 并行 I/O 口引脚

(1) P0 口:双向 8 位三态 I/O 口,此口为地址总线(低 8 位)及数据总线分时复用口,可驱动 8 个 LS 型 TTL 负载。

(2) P1 口:8 位准双向 I/O 口,可驱动 4 个 LS 型 TTL 负载。

(3) P2 口:8 位准双向 I/O 口,与地址总线(高 8 位)复用,可驱动 4 个 LS 型 TTL 负载。

(4) P3 口:8 位准双向 I/O 口,双功能复用口,可驱动 4 个 LS 型 TIL 负载。

P1 口、P2 口、P3 口各 I/O 口线片内均有固定的上拉电阻,当这 3 个准双向 I/O 口作输入口使用时,要向该口先写"1",另外准双向 I/O 口处于无高阻的"浮空"状态。P0 口线内无固定上拉电阻,由两个 MOS 管串接,既可开漏输出,又可处于高阻的"浮空"状态,故被称为双向三态 I/O 口。

1.3　单片机的复位

1.3.1　复位操作

当单片机系统在运行出错或由于人为操作错误使系统处于死锁时,也可以对单片机进行复位,使其重新开始工作。复位是单片机的初始化操作,以使 CPU 和系统中其他部件都处于一个确定的状态,并从这个状态开始工作。

单片机复位会对片内各寄存器的状态产生影响,复位后寄存器的默认值如表 1.1 所示。单片机复位后,PC 内容初始化位 0000H,那么单片机就从 0000H 开始执行程序。片内 RAM 为随机值,运行中的复位操作不改变片内 RAM 内容。

单片机复位的条件:在 RST 引脚端出现满足复位时间要求的高电平状态,该时间等于系统时钟振荡建立时间再加 2 个机器周期时间(一般不小于 10 ms)。

表 1.1　复位时片内各寄存器的初始值

寄存器	复位状态	寄存器	复位状态
PC	0000H	TMOD	00H
Acc	00H	TCON	00H
PSW	00H	THO	00H
B	00H	TLO	00H
SP	07H	TH1	00H
DPTR	0000H	TL1	00H
P0～P3	FFH	SCON	00H
IP	xxx00000B	SBUF	xxxxxxxxB
IE	0xx00000B	PCON	0xxx0000B

1.3.2 复位电路

MCS-51 系列单片机的复位是由外部的复位电路来实现的。MCS-51 系列单片机片内复位结构如图 1.4 所示。

复位引脚 RST 通过一个斯密特触发器与复位电路相连，斯密特触发器用来抑制噪声，在每个机器周期的 S5P2，斯密特触发器的输出电平由复位电路采样一次，然后才能得到内部复位操作所需要的信号。单片机的复位可以由上电复位和按键复位产生。

在单片机上电的瞬间，RST 端的电位与 V_{cc} 相同。随着充电电流的减小，RST 端的电位将逐渐下降。选择合适的电容 C 和电阻 R，使其 RC 时间常数大于复位时间即可保证上电复位成功。上电复位电路图如图 1.5 所示。

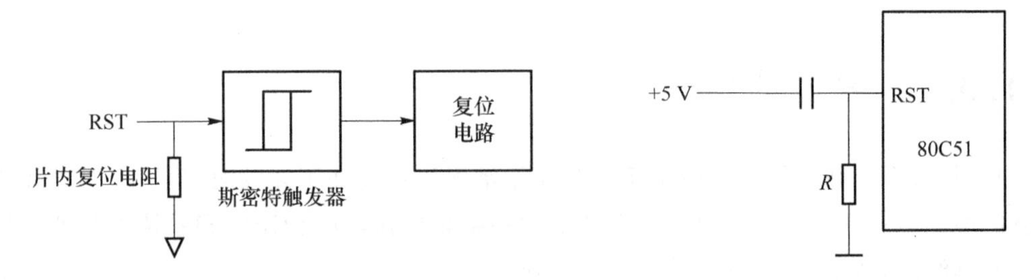

图 1.4 MCS-51 系列单片机的片内复位结构

图 1.5 上电复位电路图

除了上电复位外，有时还需要按键手动复位。按键手动复位有电平方式和脉冲方式两种，其中电平复位是通过 RST 端经电阻与电源 V_{cc} 接通而实现的，电平复位电路如图 1.6 所示。脉冲复位则是利用 RC 微分电路产生正脉冲来实现的，脉冲复位电路如图 1.7 所示。

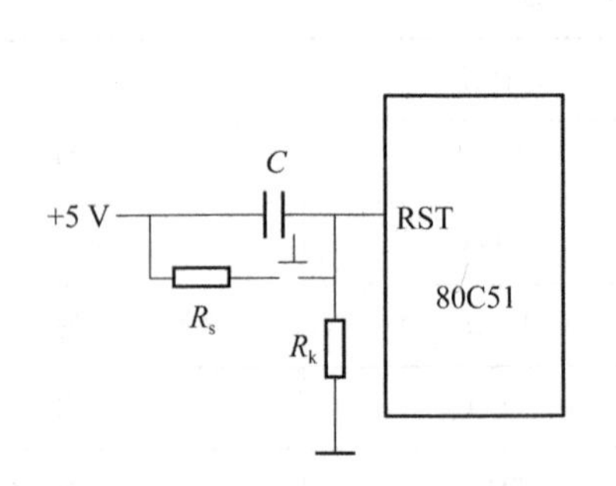

图 1.6 电平复位电路图

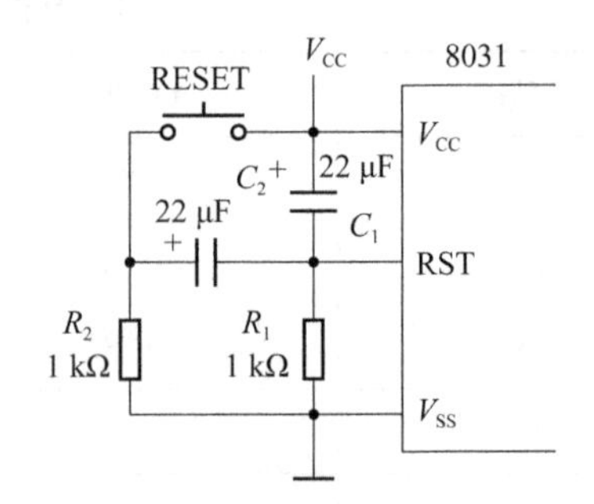

图 1.7 脉冲复位电路图

1.4 特殊功能寄存器

MSC-51 系列单片机内部共有 21 个 SFR，每个 SFR 占 1 个字节，多数字节单元中的每一位又有专用的“位名称”。这 21 个 SFR 按是否可以位寻址分为两大部分，即 ACC、IE、P1 等 11 个可以位寻址和 SP、TMOD 等不可以位寻址。本章介绍部分常用的特殊功能寄存器。

1.4.1　P3 口第二功能各引脚功能

MSC-51 系列单片机 P3 口引脚的第二功能如下。

(1) P3.0：RXD 串行口输入。

(2) P3.1：TXD 串行口输出。

(3) P3.2：$\overline{\text{INT0}}$外部中断 0 输入。

(4) P3.3：$\overline{\text{INT1}}$外部中断 1 输入。

(5) P3.4：T0 定时器 0 外部输入。

(6) P3.5：T1 定时器 1 外部输入。

(7) P3.6：WR 外部写控制。

(8) P3.7：RD 外部读控制。

1.4.2　特殊功能寄存器

(1) TCON，地址：88H，用于定时器/计数器控制和中断控制。见表 1.2。

表 1.2　TCON

TCON	D7	D6	D5	D4	D3	D2	D1	D0
	TF1	TR1	TF0	TR0	IE1	IT1	IE0	IT0
88H	8FH	8EH	8DH	8CH	8BH	8AH	89H	88H

IT0(位 0)：外部中断 0 触发方式控制位。当 IT0＝0 时，为电平触发方式；当 IT0＝1 时，为边沿触发方式(下降沿有效)。

IE0(位 1)：外部中断 0 中断请求标志位。

IT1(位 2)：外部中断 1 触发方式控制位。

IE1(位 3)：外部中断 1 中断请求标志位。

TF1(位 7)：T1 溢出中断请求标志位。T1 计数溢出时由硬件自动置 TF1 为 1。CPU 响应中断后，TF1 由硬件自动清 0。T1 工作时，CPU 可随时查询 TF1 的状态。所以，TF1 可用作查询测试的标志。TF1 也可以用软件置 1 或清 0，和硬件置 1 或清 0 的效果一样。

TR1(位 6)：T1 运行控制位。TR1 置 1 时，T1 开始工作；TR1 置 0 时，T1 停止工作。TR1 由软件置 1 或清 0。所以，用软件可控制定时器/计数器的启动与停止。

TF0(位 5)：T0 溢出中断请求标志位，其功能与 TF1 类同。

TR0(位 4)：T0 运行控制位，其功能与 TR1 类同。

(2) TMOD,地址:89H,定时器/计数器工作方式控制。见表1.3.

表1.3 TMOD

TMOD	D7	D6	D5	D4	D3	D2	D1	D0
	GATE	$C/\overline{T}$	M1	M0	GATE	$C/\overline{T}$	M1	M0
89H	T1方式段				T0方式段			

GATE:门控位。GATE=0时,只要用软件使TCON中的TR0或TR1为1,就可以启动定时器/计数器工作;GATA=1时,要用软件使TR0或TR1为1,同时外部中断引脚$\overline{INT0}$(或$\overline{INT1}$)也为高电平时,才能启动定时器/计数器,即此时定时器的启动多了一个条件。

$C/\overline{T}$:定时/计数模式选择位。

$C/\overline{T}=0$:定时模式。

$C/\overline{T}=1$:计数模式。

M1 M0:工作方式设置位。定时器/计数器有四种工作方式,由M1M0进行设置。见表1.4。

表1.4 定时器/计数器四种工作方式

M1 M0	工作方式	说明
0 0	方式0	13位定时器/计数器
0 1	方式1	16位定时器/计数器
1 0	方式2	8位自动重装定时器/计数器
1 1	方式3	T0分成两个独立的8位 定时器/计数器;T1停止计数

(3) SCON,地址:98H,串行通信控制寄存器。见表1.5。

表1.5 SCON

SCON	D7	D6	D5	D4	D3	D2	D1	D0
	SM0	SM1	SM2	REN	TB8	RB8	TI	RI
98H	9FH	9EH	9DH	9CH	9BH	9AH	99H	98H

SM0 SM1:串行口方式选择位。见表1.6。

表1.6 串行口工作方式

SM0 SM1	工作方式	说明
0 0	0	移位寄存器方式(用于I/O口扩展)
0 1	1	8位UART,波特率可变(由定时T1溢出率控制)
1 0	2	9位UART,波特率为fosc/64或fosc/32
1 1	3	9位UART,波特率可变(由定时T1溢出率控制)

SM2：方式 2 和方式 3 的多机通信控制位，在方式 0 中，SM2 应置 0。

REN：允许串行接收位，由软件置 1 时，允许接收；置 0 时，禁止接收。

TB8：方式 2 和方式 3 中发送的第 9 位数据，需要时由软件置位或复位。

RB8：方式 2 和方式 3 中接收到的第 9 位数据，在方式 1 时，RB 是接收到停止位；在方式 0 时，不使用 RB8。

TI：接收中断标志，由硬件置 1，在方式 0 时，串行发送到第 8 位结束时置 1；在其他方式，串行发送停止位时置 1。TI 必须由软件置 0。

RI：接收中断标志，由硬件置 1。在方式 0 时（SM2 应置 0），接收到第 8 位结束时置 1，当 SM2＝0 的其他方式（方式 0，1，3）时，接收到停止位置“1”；当 SM2＝1 时，若串口工作在方式 2 和 3 接收到的第 9 位数据（RB8）为 1 时，才激活 RI。在方式 1 时，只有接收到有效的停止位时才会激活 RI。RI 必须由软件置 0。

（4）IE，地址：A8H，中断使能控制寄存器。见表 1.7。

表 1.7　IE

IE	D7	D6	D5	D4	D3	D2	D1	D0
	EA	—	ET2	ES	ET1	EX1	ET0	EX0
A8H	AFH	—	ADH	ACH	ABH	AAH	A9H	A8H

EX0（位 0）：外部中断 0 允许位。

ET0（位 1）：定时器/计数器 T0 中断允许位。

EX1（位 2）：外部中断 0 允许位。

ET1（位 3）：定时器/计数器 T1 中断允许位。

ES（位 4）：串行口中断允许位。

EA（位 7）：CPU 中断允许（总允许）位。

ET2（位 5）：定时器/计数器 T2 中断允许位。

（5）IP，地址：B8H，中断优先级控制寄存器。见表 1.8。

80C51 单片机有两个中断优先级，即可实现二级中断服务嵌套。每个中断源的中断优先级都是由中断优先级寄存器 IP 中的相应位的状态来规定的。

表 1.8　IP

IP	D7	D6	D5	D4	D3	D2	D1	D0
	—	—	PT2	PS	PT1	PX1	PT0	PX0
B8H	—	—	BDH	BCH	BBH	BAH	B9H	B8H

PX0（位 0）：外部中断 0 优先级设定位。

PT0（位 1）：定时器/计数器 T0 优先级设定位。

PX1（位 2）：外部中断 0 优先级设定位。

PT1（位 3）：定时器/计数器 T1 优先级设定位。

PS（位 4）：串行口优先级设定位。

PT2（位 5）：定时器/计数器 T2 优先级设定位。

本章小结

本章总结了单片机的相关基础知识，包括单片机内部结构、引脚功能和特殊功能寄存器。本章的重点在于了解单片机的组成和熟练掌握每个引脚的功能，为以后的实验打下基础，进而真正掌握单片机的应用方法。

第 2 章　Keil 和 Proteus 软件

本章主要介绍 Keil 和 Proteus 软件的安装和使用方法，为进一步的实验操作提供实践指导。

2.1　Keil C51 软件的安装和使用

Keil C51 是美国 Keil Software 公司出品的 51 系列兼容单片机 C 语言软件开发系统。与汇编语言相比，C 语言在功能、结构性、可读性、可维护性上有明显的优势，因而易学易用。Keil 提供了包括 C 编译器、宏汇编、链接器、库管理和一个功能强大的仿真调试器等在内的完整开发方案，通过一个集成开发环境（μVision）将这些部分组合在一起。运行 Keil 软件需要 Win 98、NT、Win 2000、Win XP 等操作系统。

2009 年 2 月，新发布的 Keil μVision 4 引入灵活的窗口管理系统，使开发人员能够使用多台监视窗口，并且可以拖动窗口，随意变更窗口位置。新的用户界面可以更好地利用屏幕空间和更有效地组织多个窗口，提供一个整洁、高效的环境来开发应用程序。该版本支持更多最新的 ARM 芯片，还添加了一些其他的新功能。2011 年 3 月，ARM 公司发布最新集成开发环境 RealView MDK，开发工具中集成了最新版本的 Keil μVision 4，其编译器、调试工具实现了与 ARM 器件的完美匹配。

2.1.1　Keil C51 软件的安装

Keil C51 软件[①]的安装步骤如下。

(1) 右击 Keil μVision 4 软件，选择【以管理员身份运行】，进入安装程序导向界面，如图 2.1 所示。

(2) 单击【Next】，如图 2.2 所示。

(3) 勾选【I agree to all the terms of proceding License Agreement 】（许可同意该协议），单击【Next】，如图 2.3 所示。

---

① 本书在 Keil C51 系列软件中使用的是 Keil μVision 4 C51 免费评估版，用于初学者学习，非商用。学生也可以根据自己的需求选择其他版本的 Keil μVision C51 软件。

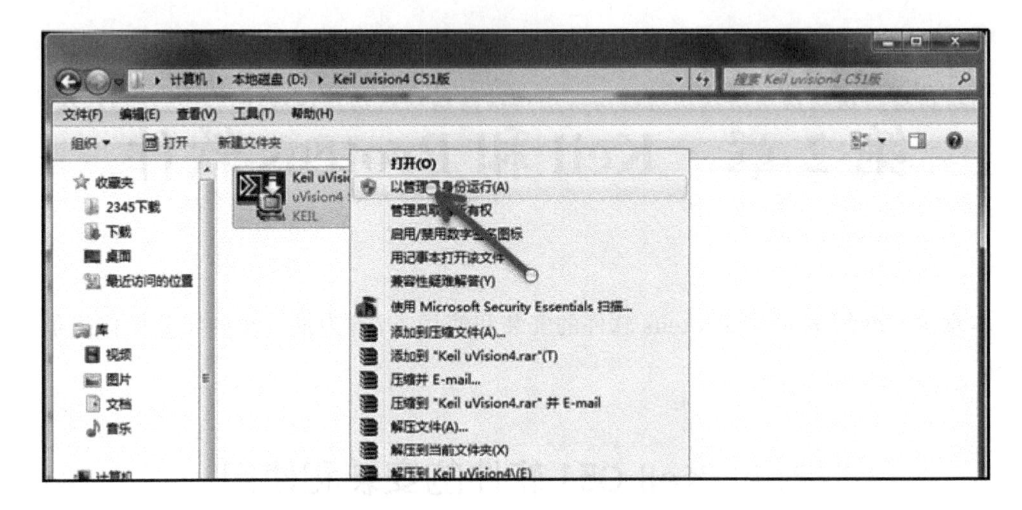

图 2.1　运行 Keil μVision 4 软件安装程序导向图

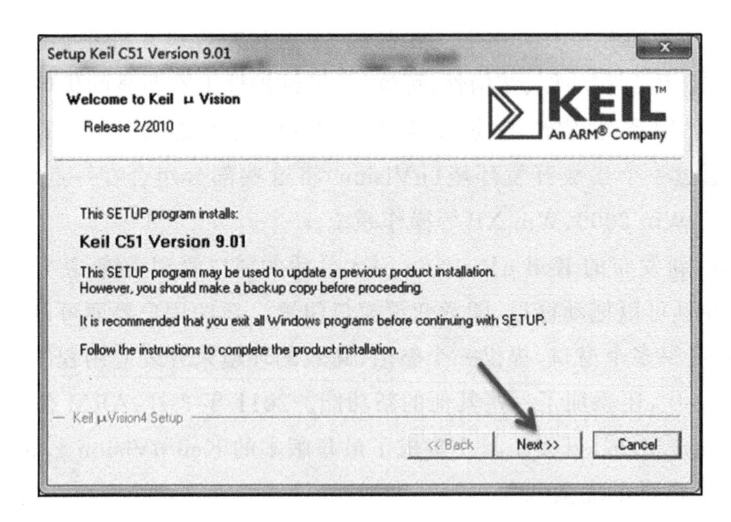

图 2.2　Keil μVision 4 安装界面图

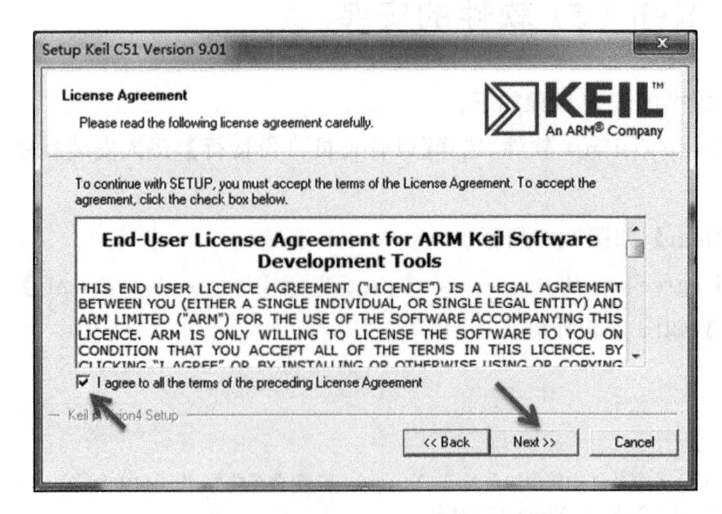

图 2.3　Keil μVision 4 许可协议界面图

(4) 选择安装位置。计算机显示的初始安装位置是 C 盘，这里我们选择 D 盘来安装(首先在 D 盘内新建一个文件夹，命名为 KEILC51，然后将其软件安装到文件夹内)，选择完成后单击【Next】，如图 2.4 所示。

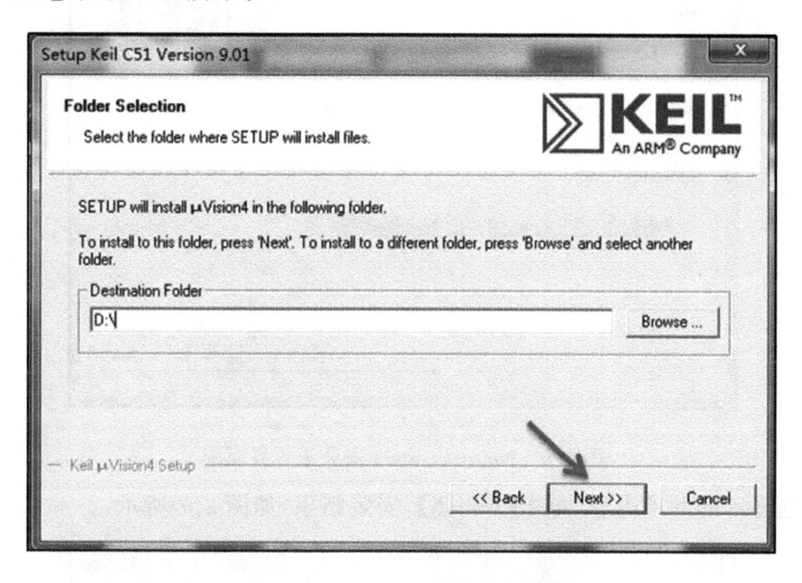

图 2.4　Keil μVision 4 安装路径选择示意图

这里需要注意以下两点。

① 软件安装保存路径不能出现中文或者特殊字符，否则会出现错误。

② 不要将 Keil 5、Keil 4 或者 Keil C51 软件安装在一个文件夹内。

(5) 在用户信息界面填写客户相关信息【First Name】【Last Name】【Company Name】【E-mail】，然后单击【Next】，如图 2.5 所示。

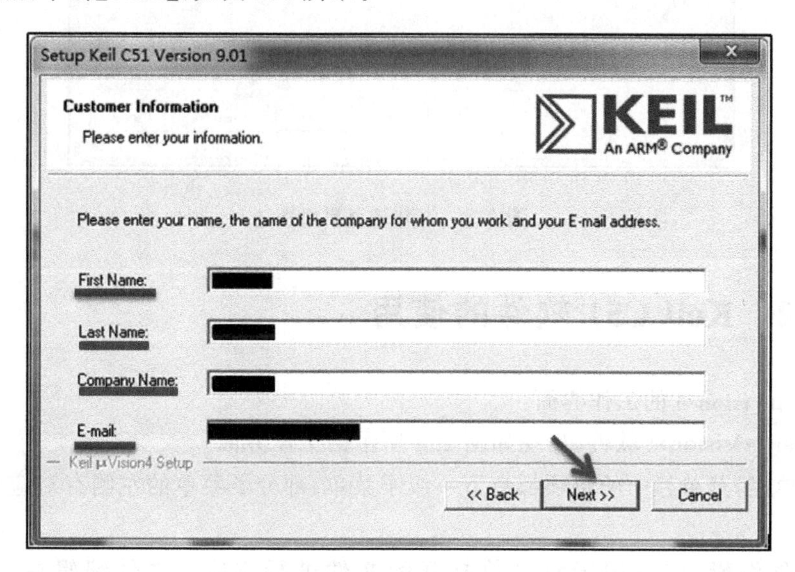

图 2.5　用户信息填写界面图

(6) 等待安装完成,大概需要几分钟。安装完成后单击【Next】,如图 2-6 所示。

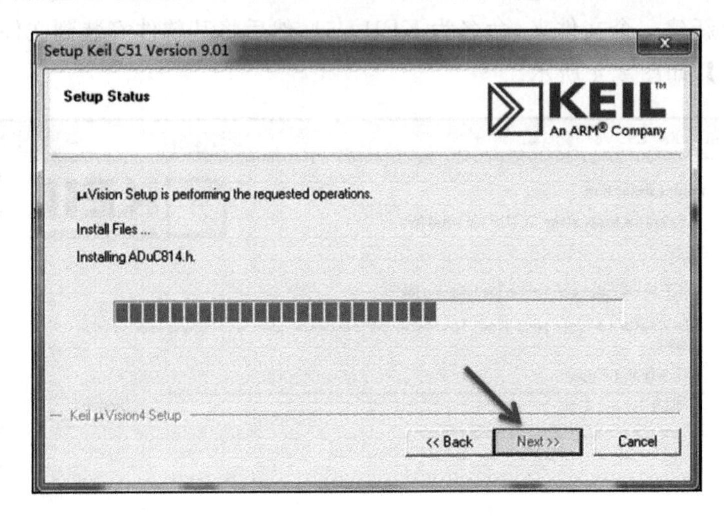

图 2.6　Keil µVision 4 安装进程界面图

(7) 勾选显示的两项内容,单击【Finish】,安装结束,如图 2.7 所示。

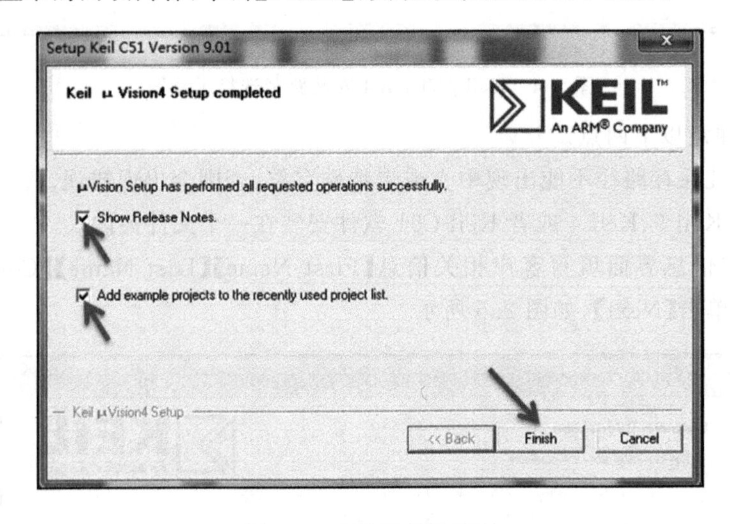

图 2.7　安装结束界面图

2.1.2　Keil C51 软件的使用

1. Keil µVision 4 的工作界面

打开 Keil µVision 4 软件,出现如图 2.8 所示的工作界面。

(1) 菜单栏:菜单栏中的每项都有下一级子菜单,部分子菜单的左侧有对应的工具栏按钮图标显示。

(2) 文件编辑窗口:用于对当前打开的文件进行编辑。文件编辑窗口是标准的 Windows 文件编辑器,可同时打开多个不同类型的文件并分别进行处理;它提供了彩色语句显示功能,可用不同颜色显示程序中的变量、语句和注释等,以提高程序的可读性。

(3) 工程管理窗口：有 Project(工程)、Books(书籍)、Functions(函数)和 Templates(模版)四个标签页。Project(工程)标签页用于显示当前工程的文件结构。Books(书籍)标签页用于显示所选 CPU 的附加说明文件。Functions(函数)标签页用于显示当前文件编辑窗中包含的程序文件。Templates(模版)标签页用于在使用 Keil 进行代码编辑时，为了加速代码编写，对一些常用的代码或者注释进行快速插入，比如 if... else、switch、case 等流程控制语句。

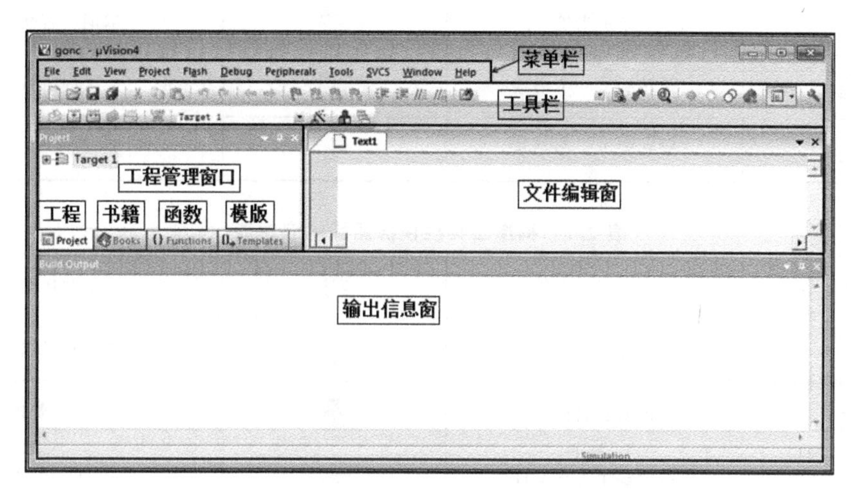

图 2.8　Keil μVision 4 工作界面分栏示意图

(4) 输出信息窗口：用于显示对当前打开的工程或文件进行编译构造的提示信息。当编译出错时，双击该窗口的某个错误提示信息，光标将自动跳转到文件编辑窗口对应文件发生错误的地方。

(5) 工具栏：分为 File Toolbar(文件工具栏)、Build Toolbar(构造工具栏)和 Debug Toolbar(调试工具栏)。许多操作既可以通过菜单栏又可以通过工具栏来执行，一般来说，使用工具栏更方便快捷。文件工具栏、构造工具栏和调试工具栏的快捷图标与其对应功能见表 2.1、表 2.2 和表 2.3。

表 2.1　文件工具栏快捷图标对应功能

	新建文件夹		插入缩进
	打开文件		取消缩进
	保存当前文件		确定注释
	保存所有文件		取消注释
	剪切		查找所有文本
	复制		查找单个文本
	粘贴		增加搜索
	撤销编辑		开始/停止调试

续 表

	恢复编辑		插入/删除断点
	跳转到上一步		失能单个断点
	跳转到下一步		失能所有断点
	添加书签		取消所有断点
	跳转到上一个书签		工程窗口
	跳转到下一个书签		配置

表 2.2　构造工具栏快捷图标对应功能

	编译当前文件	LOAD	下载代码
	编译目标文件		工程目标选项
	编译所有目标文件		单工程管理
	编译多个工程文件		多工程管理
	停止编译		

表 2.3　调试工具栏快捷图标对应功能

RST	复位 CPU		观察窗口
	运行		查看、调用堆栈窗口
	停止		寄存器窗口
	跟踪		储存器窗口
	单步		串行窗口
	运行到退出函数		性能分析窗口
	运行到光标处		跟踪窗口
	下一个状态		系统查看器窗口
	指令窗口		工具箱
	反汇编窗口		调试恢复窗口
	符号窗口		

2. Keil μVision 4 的使用

(1) 新建工程文件(以 AT89C51 为例)。在菜单栏选择【Project】(工程)→【New Project】(新建工程),填写文件名并保存,如图 2.9 所示。在单片机型号选择界面,选择【Vendor】为【Atmel】,【Device】为【AT89C51】,单击【OK】,如图 2.10 所示。在弹出的 Copy Standard 8051 startup Code to Project Folder and Add File to Project? 询问界面中选择【否(N)】,如图 2.11 所示。新建工程文件完毕。需要注意的是,这里选择的单片机型号要根据实际开发板上的芯片进行选择。

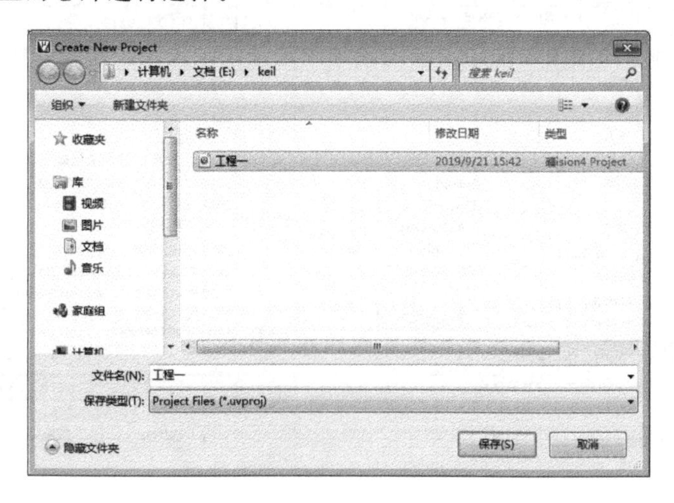

图 2.9　新建并保存工程示意图

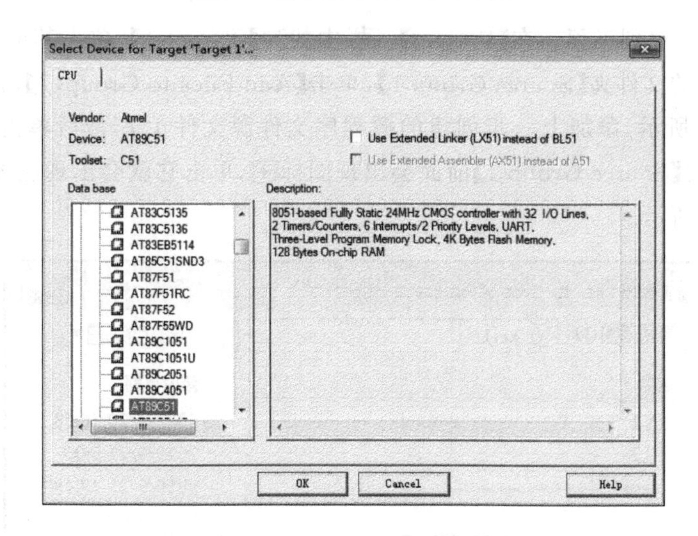

图 2.10　单片机型号选择界面

图 2.11　询问是否添加源程序文件到工程界面图

(2) 新建源程序文件。首先，在菜单栏选择【File】(文件)→【New】(建立新文件：源文件1.c)，也可用快捷键Ctrl+N或单击快捷图标，即在文件编辑窗弹出【Text1】的文本。然后单击快捷图标进行保存，并可根据需要自行选择文件名，但使用C语言编写程序时其扩展名须为“.c”，如图2.12所示。需要注意的是，本书所涉及的均为C语言编程，不涉及汇编语言编程。

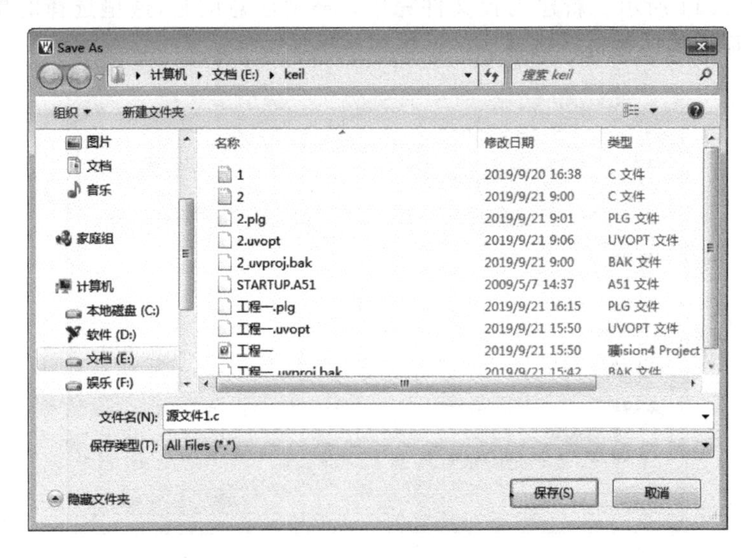

图2.12　保存源文件界面示意图

(3) 添加源程序到工程。在【Project】一栏中找到【Target 1】，单击其前面的图标⊞，然后右击选取出现的文件夹【Source Group 1】，单击【Add Files to Group…】，弹出添加文件的窗口，如图2.13所示，添加上一步创建的源程序文件源文件1.c，最后单击【Close】关闭窗口，添加完成后在【Source Group 1】前面会出现图标⊞，单击它就会出现已添加好的源程序文件，如图2.14所示。

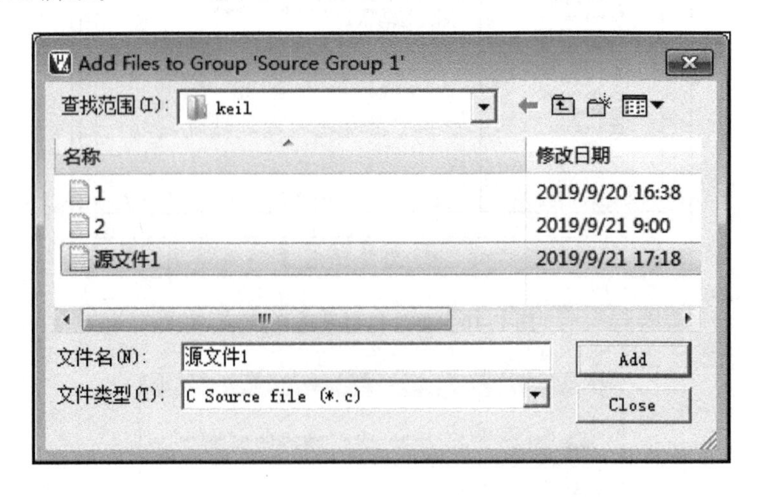

图2.13　添加源程序文件到工程界面示意图

图 2.14　源程序文件添加完成的工程界面图

(4) 编写代码并调试。

① 在 Keil μVision 4 的文件编辑窗口(代码编写区),即在【源文件 1. c】的文本中输入图 2.15 所示的例程。

```
源文件1.c*
1  #include<reg51.h>        /*51头文件*/
2  sbit p1_0=P1^0;          /*位定义*/
3  main()                   /*主函数*/
4  {
5      while(1)             /*while循环语句*/
6      {
7          p1_0=1;          /*p1_0状态赋1 (高电位) */
8      }
9  }
```

图 2.15　编辑 C 语言源程序示意图

② 代码编写完成后,单击图标进行调试,观察输出信息窗口【Build Output】有无错误警告。若有错误警告,一定要在源程序中将错误改正,然后单击图标进行调试,直至输出信息窗口没有错误警告才可以进行下一步,如图 2.16 所示。

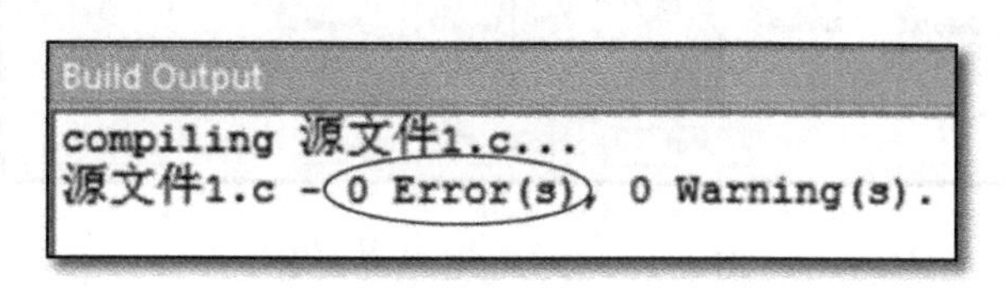

图 2.16　无误的程序输出时输出信息窗口示意图

(5) 输出 HEX 文件。

① 单击快捷图标(选择有关编译、链接、定位、输出文件等控制命令)打开工程设置对话框。在【Target】选项下设置晶振频率【Xtal(MHz)】为 24 MHz(需要注意的是,一般情况下,晶振频率需要根据所使用的单片机的晶振来确定),如图 2.17 所示。

②如果使用仿真器调试程序,则单击【Debug】选项,勾选【Use Simulator】,使用软件仿真,如图 2.18 所示。如果不使用仿真器,则不勾选此处。

③ 单击【Output】选项,勾选【Create HEX File】,生成 HEX 文件,单击【OK】,如图 2.19 所示,则会在存放工程文件的文件夹内生成 HEX 目标文件,此文件是最终生成的在单片机上可执行的二进制文件。

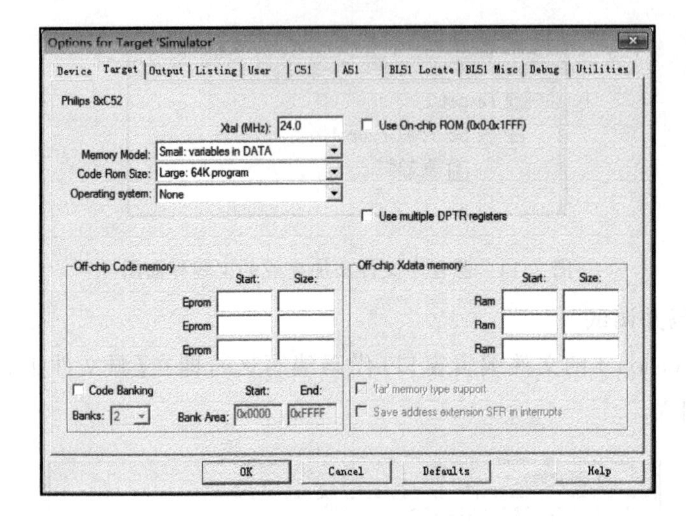

图 2.17 Target 选项界面图

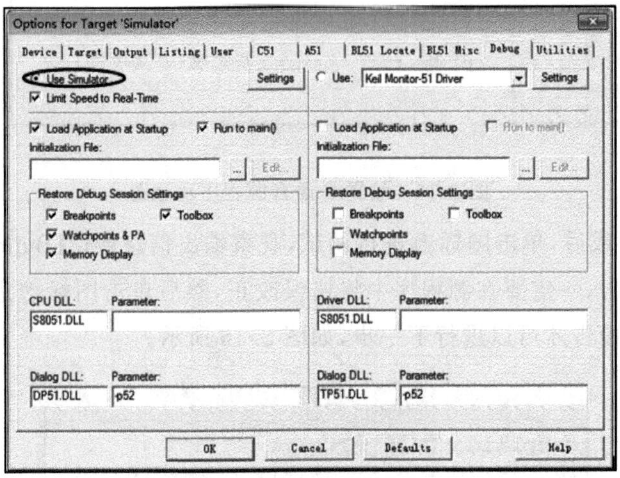

图 2.18 Debug 选项界面图

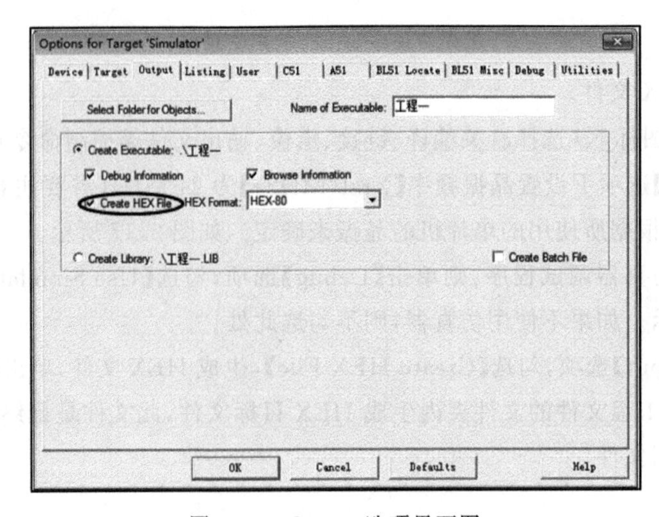

图 2.19 Output 选项界面图

2.2　Proteus 软件

2.2.1　Proteus 软件的安装

Proteus 软件是英国 Lab Center Electronics 公司出版的 EDA 工具软件。Proteus 软件不仅具备其他 EDA 工具软件的仿真功能，还能仿真单片机及外围器件。Proteus 软件可提供的仿真元器件资源包括：仿真数字和模拟、交流和直流等数千种元器件，多个元件库，通过模糊搜索可以快速定位所需要的器件，自动连线功能使连接导线简单快捷。

本书的第 3 章将针对 Proteus 软件和 Keil 软件的仿真实验进行说明，下面以 Proteus 8 Professional 为例，说明安装步骤。

(1) 下载 Proteus 软件的安装包(建议安装 Proteus_8.10 SP3 及以上的版本)。

(2) 安装 Proteus 软件。

① 解压安装包，并双击打开 Proteus 安装包，如图 2.20 所示，然后单击【Browse】自定义安装目录，最后点击【Next】。

② 选择【开始】菜单文件夹，默认 Proteus 8 Professional 即可，单击【Next】，如图 2.21 所示。

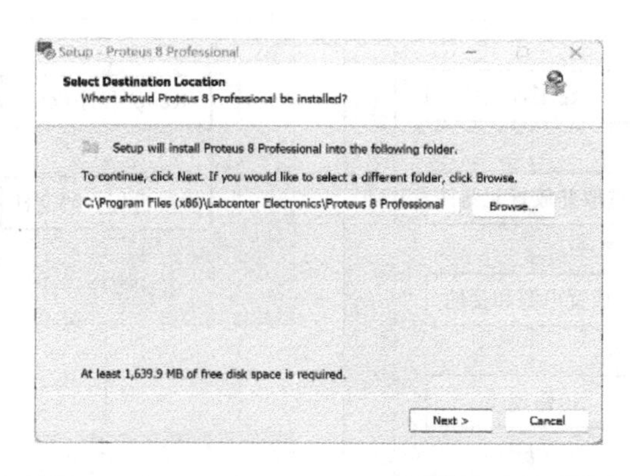

图 2.20　安装目录选择

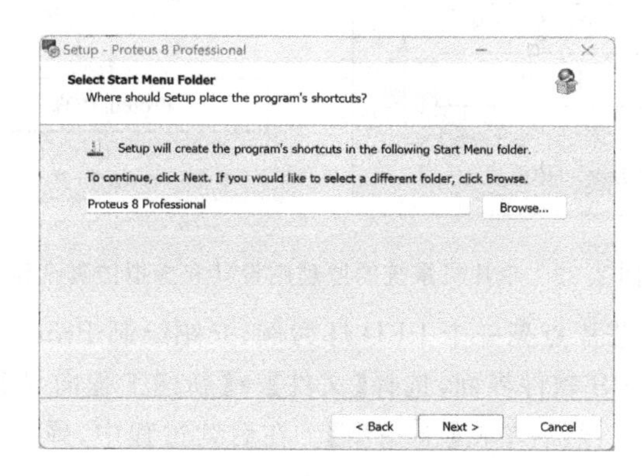

图 2.21　选择开始菜单文件夹

③ Proteus 软件安装完成，单击【Finish】，如图 2.22 所示。

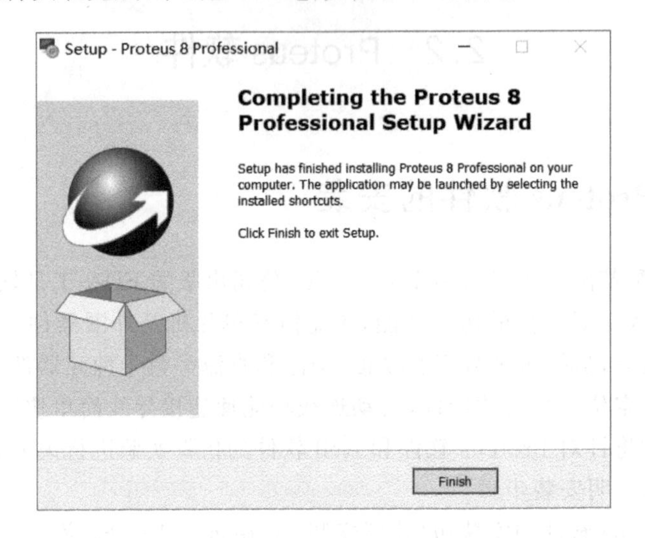

图 2.22　Proteus 软件安装完成

2.2.2　设计原理图

单片机系统的原理图设计和虚拟仿真流程如图 2.23 所示。

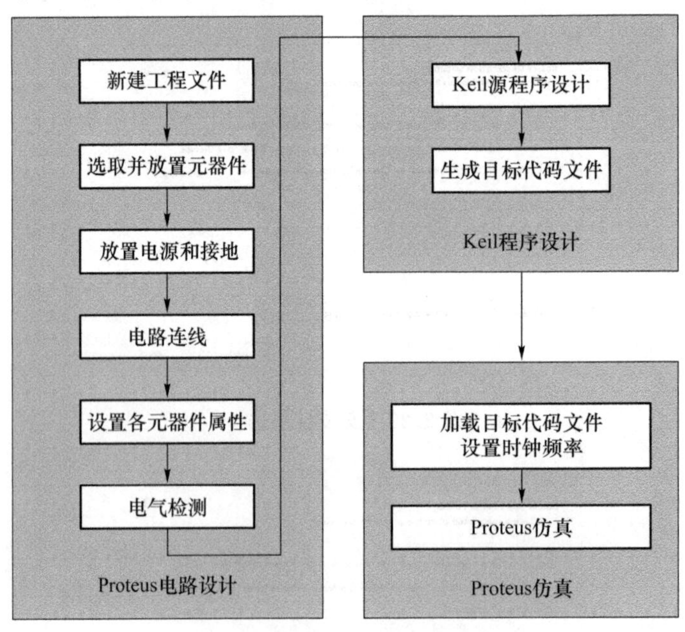

图 2.23　单片机系统的原理图设计和虚拟仿真流程

下面以使用 89C51 芯片点亮一个 LED 灯为例，介绍绘制 Proteus 原理图的基本过程。

(1) 进入 Proteus ISIS 软件界面，选择【文件】→【新建工程向导】，如图 2.24 所示，设置工程名称和工程路径即可，然后单击【下一步】。在后续过程中，弹出图 2.25～图 2.27 所示窗口时，均单击【下一步】；弹出图 2.28 所示窗口时，单击【完成】。如果在图 2.29 中，单击 P 时提示“No libraries found!”则要关闭 Proteus 程序，然后重新以管理员模式打开软件。

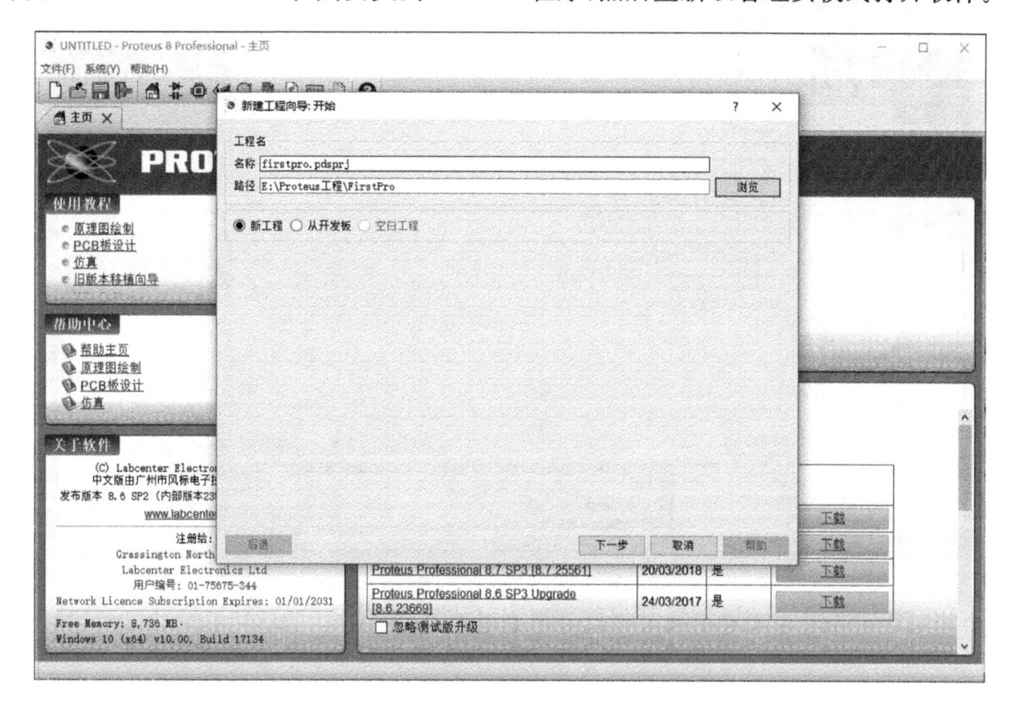

图 2.24　设置工程名称及路径

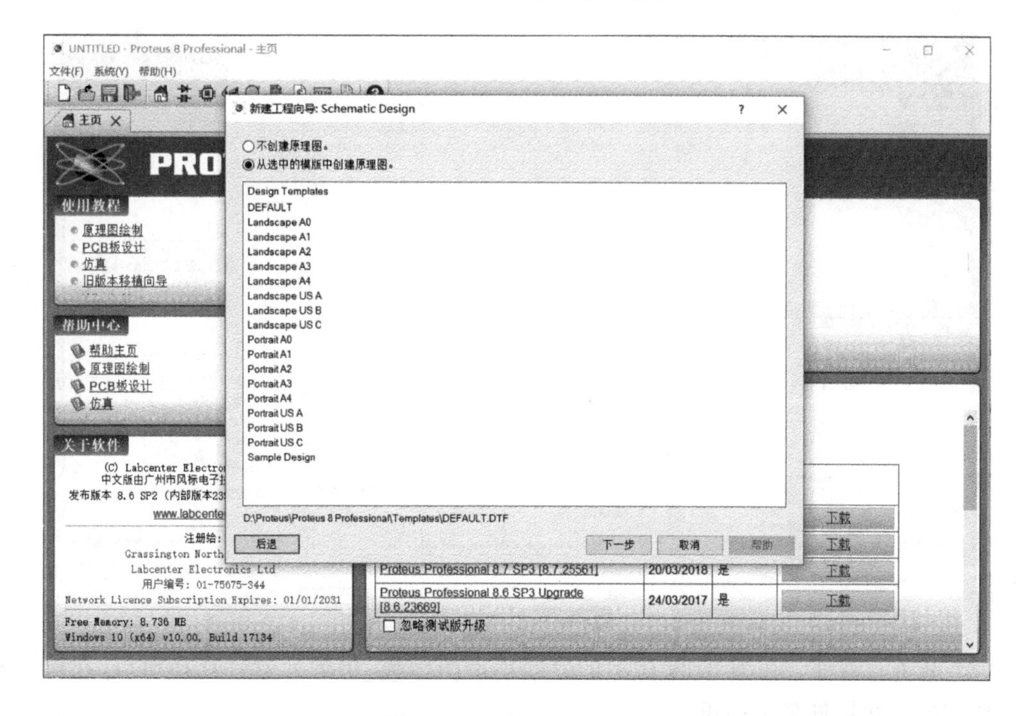

图 2.25　Schematic Design

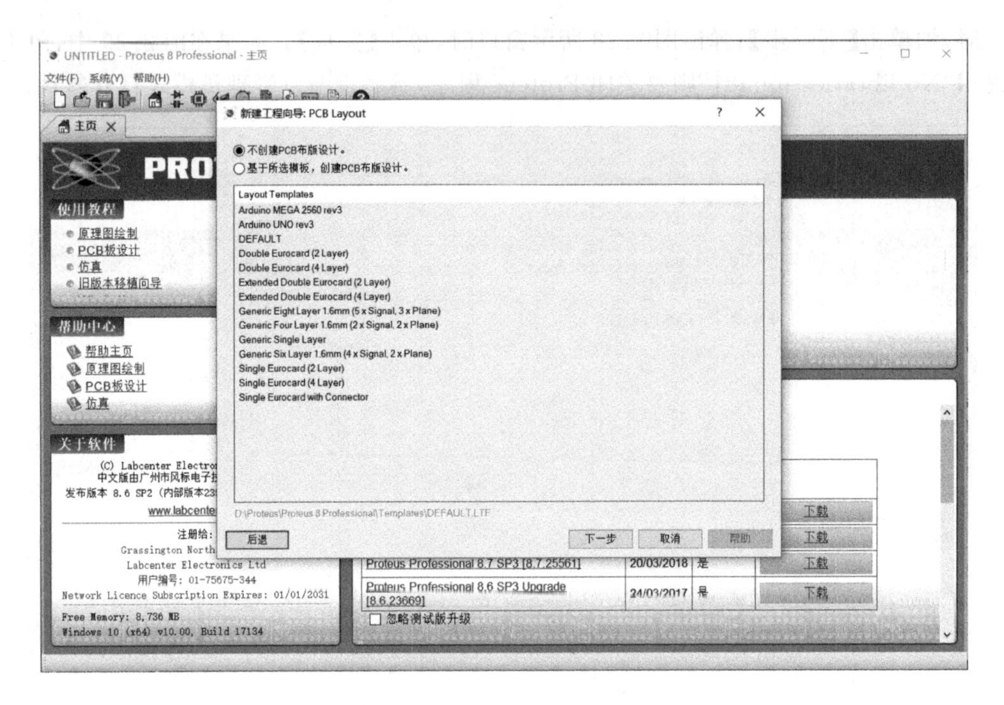

图 2.26　PCB Layout

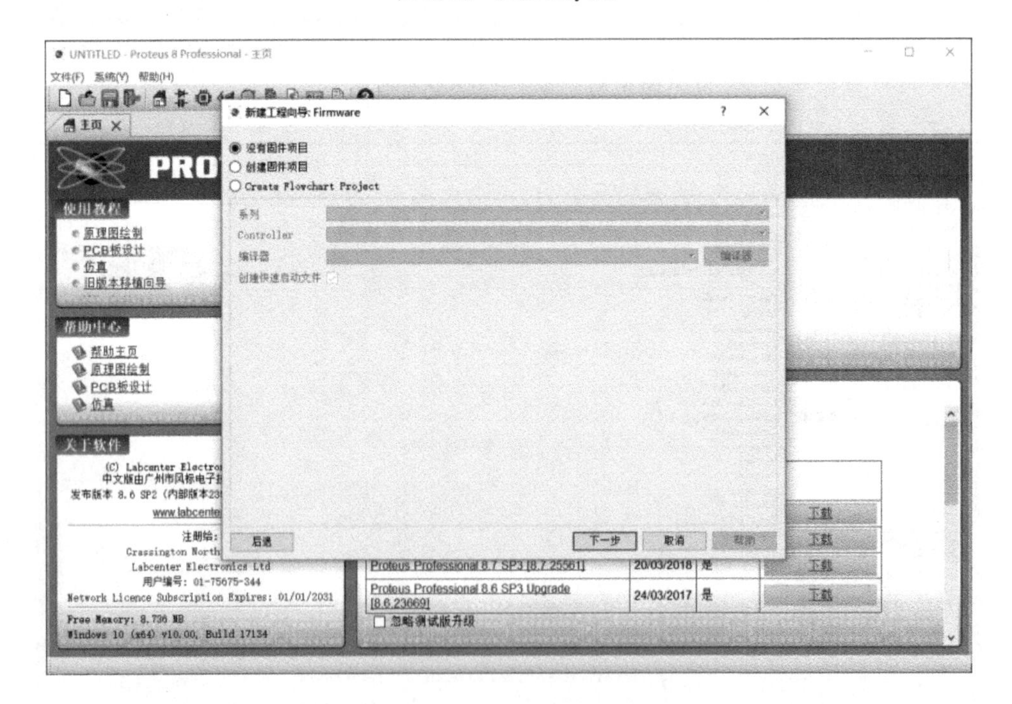

图 2.27　Firmware

(2) 准备元器件。在图 2.29 所示的界面单击图标P,出现元器件选择窗口,在输入栏输入所需要的元器件名称即可。

在关键字(d)框中输入“89C51”后,从右面显示区双击选中【AT89C51】,如图 2.30 所示。

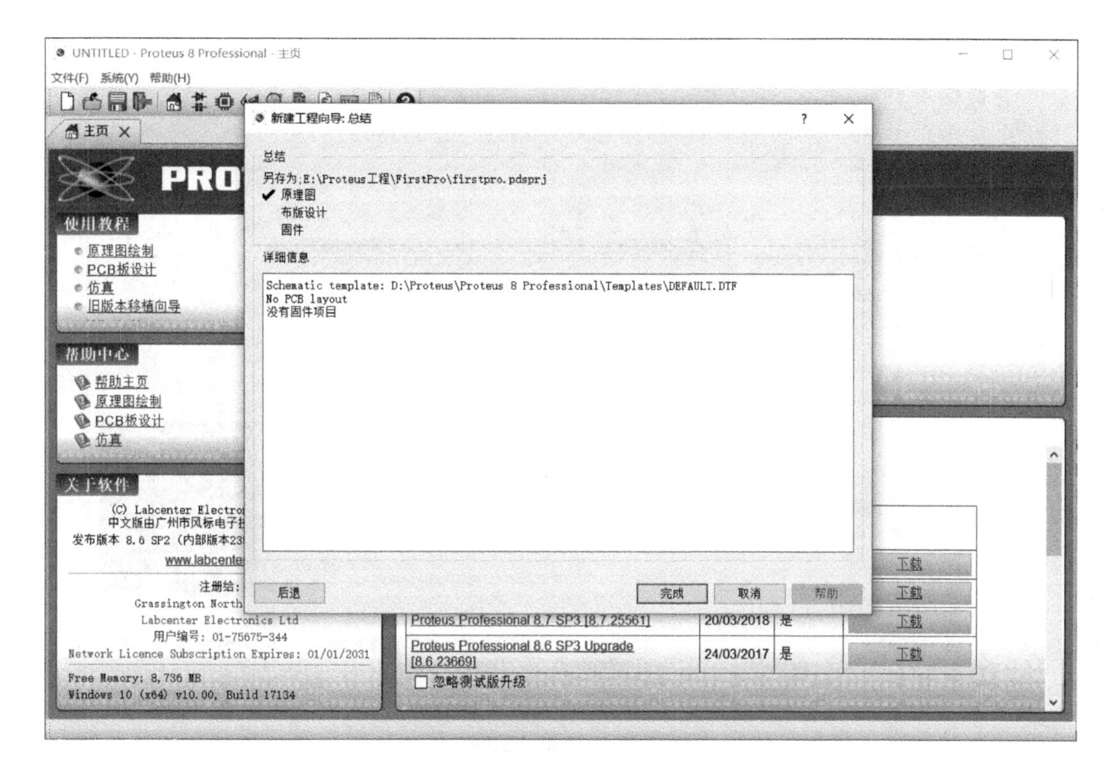

图 2.28　总结

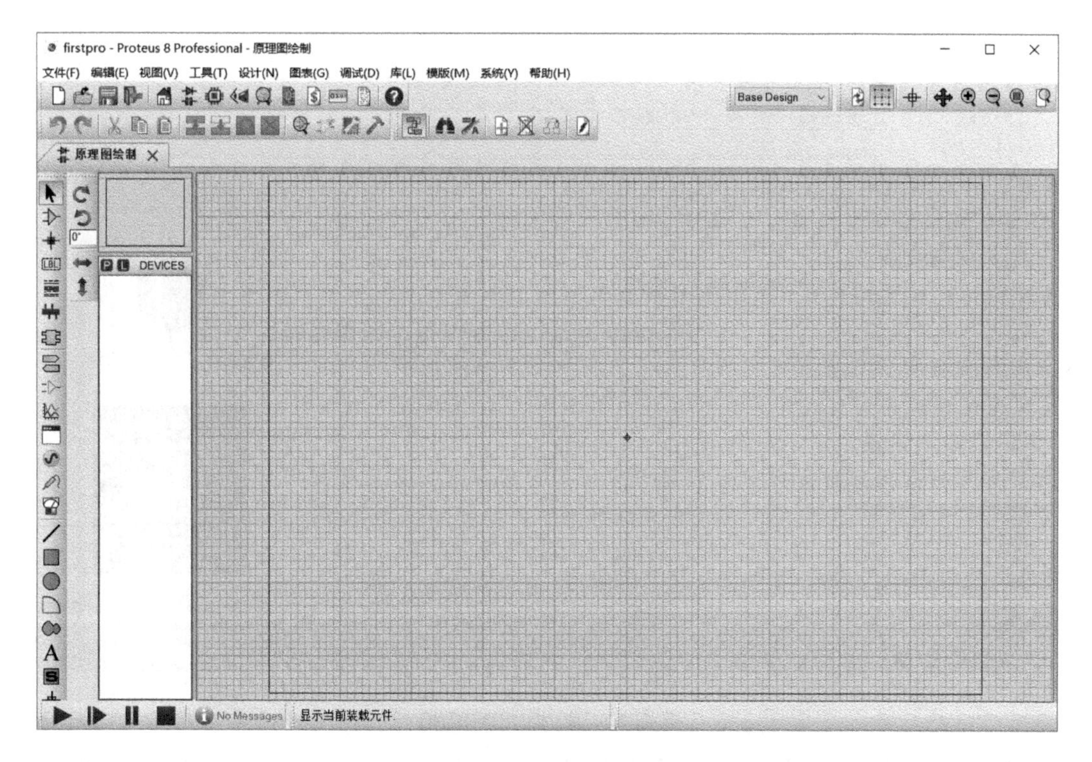

图 2.29　原理图绘制界面

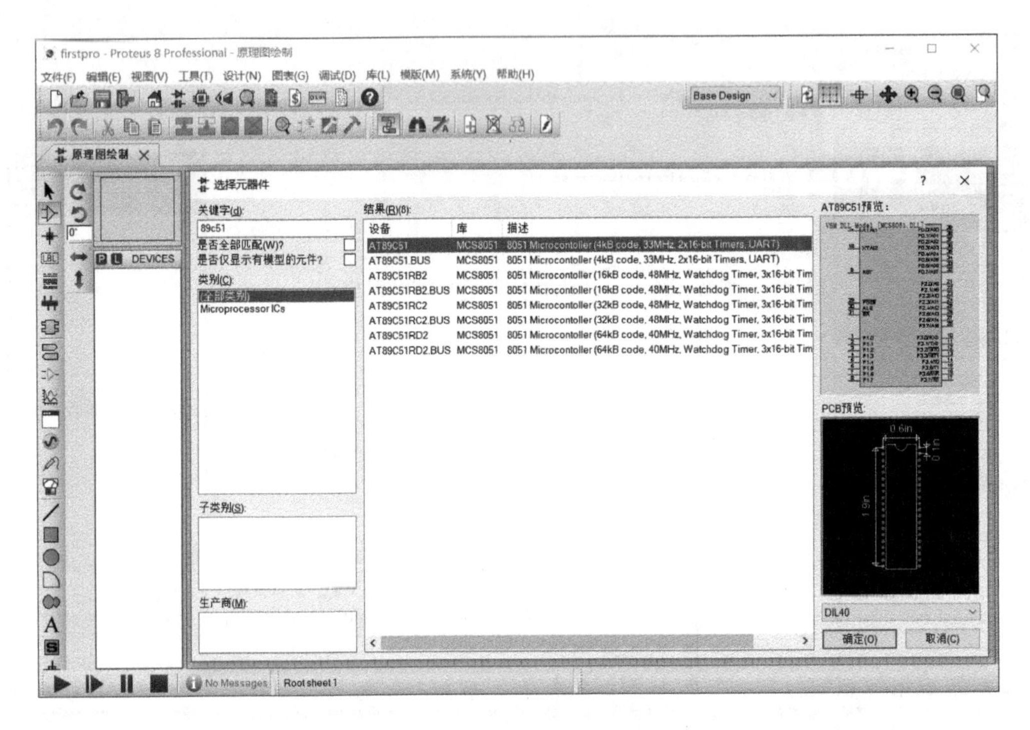

图 2.30　添加 AT89C51

在关键字(d)框中输入“led”后，从右面显示区双击选中【LED-BIRG】，如图 2.31 所示。

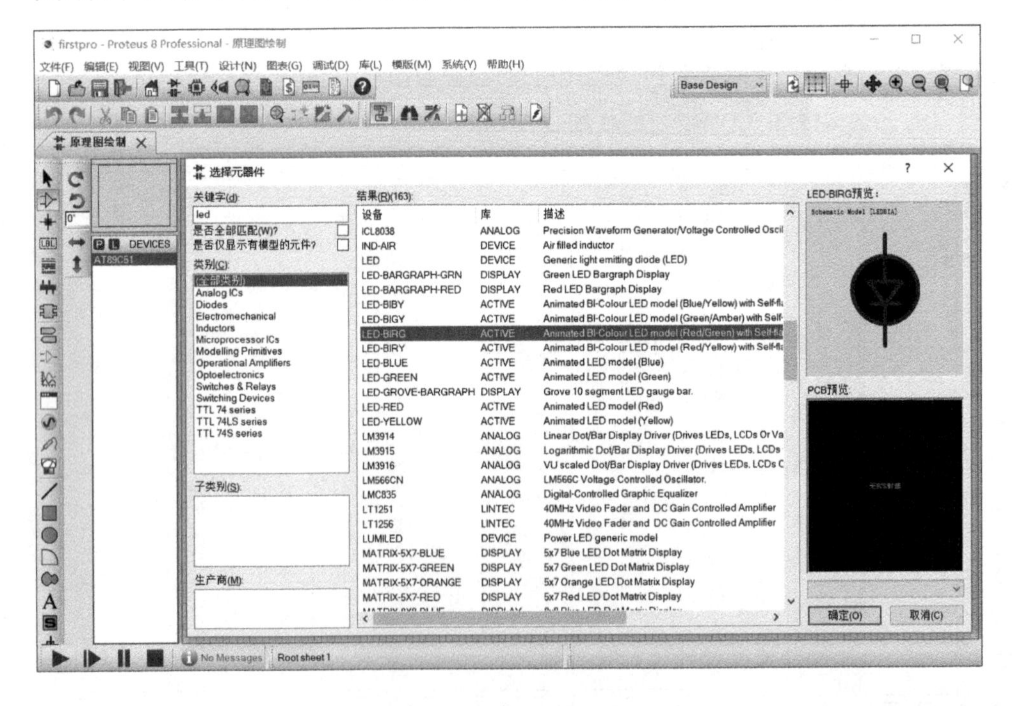

图 2.31　添加 LED-BIRG

此时，关闭选择元器件小窗口，会在左侧白色矩形框内显示所选定的元器件，如图 2.32 所示。

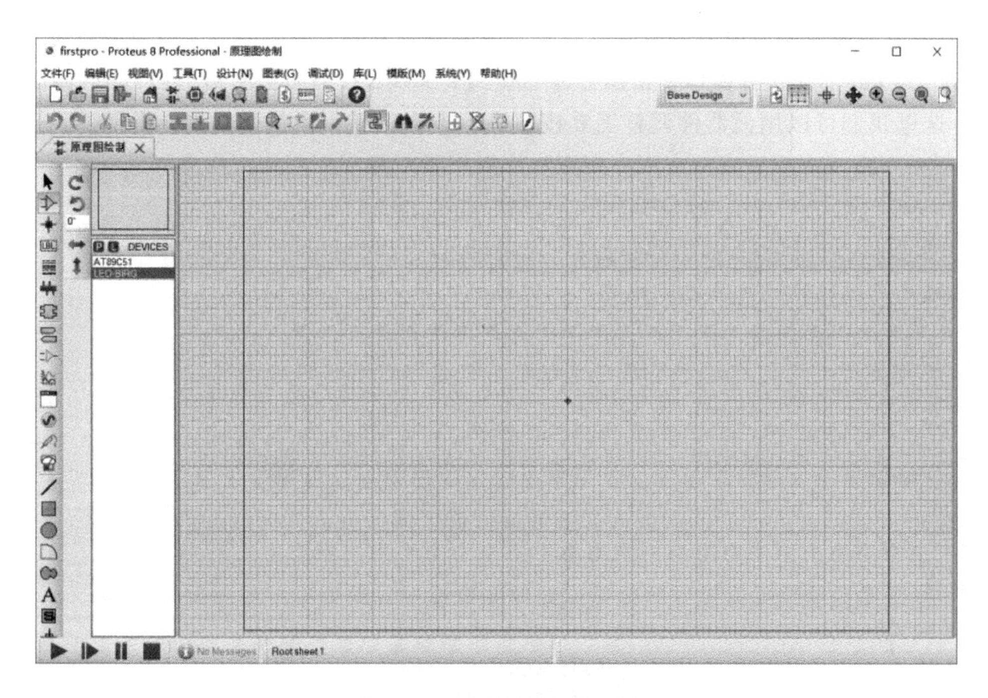

图 2.32　元器件添加完成图

（3）绘制原理图。

① 左击选择元器件，把鼠标指针移动到编辑区某位置后，在网格空白区域左击即添加元器件，如图 2.33 所示。如果要移动元器件，首先右击元器件使其处于选中状态，然后按住鼠标左键进行拖动，到达目标处后，松开鼠标即可。如果要调整元器件方向，首先将鼠标指针移动到元器件上右击选中，然后单击相应的转向按钮。

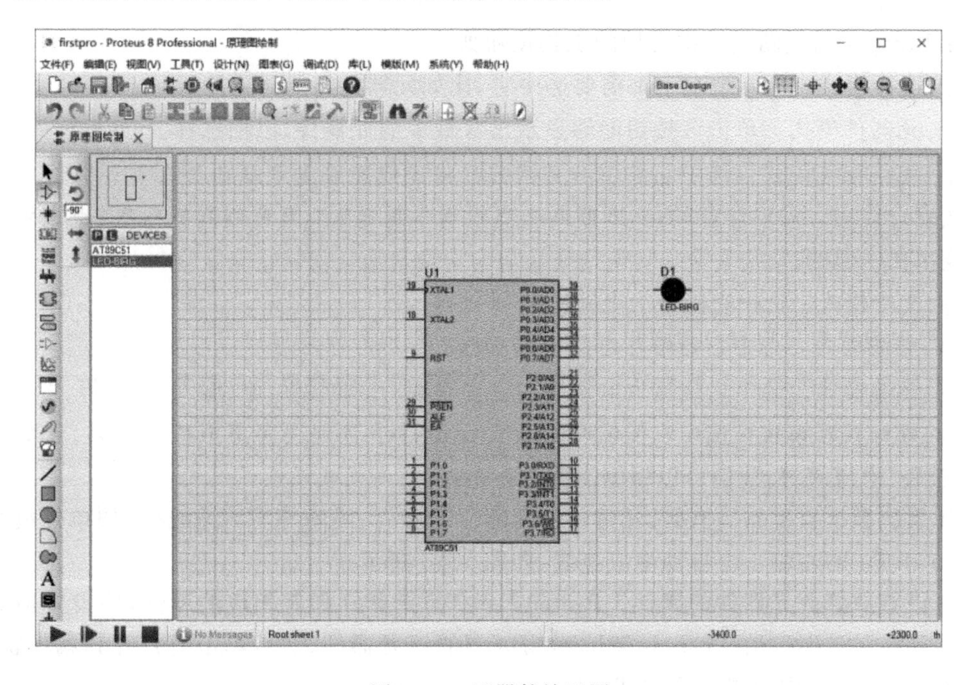

图 2.33　元器件放置图

② 此外，还需要添加电源(Proteus 中的单片机芯片默认已经添加电源和接地，也可以省略)。在 Proteus 对象选择窗口单击图标，选中【POWER】，添加至网格空白区域，如图 2.34 所示。这里我们可以用元器件调整工具按钮进行方向调整。添加地的操作类似。

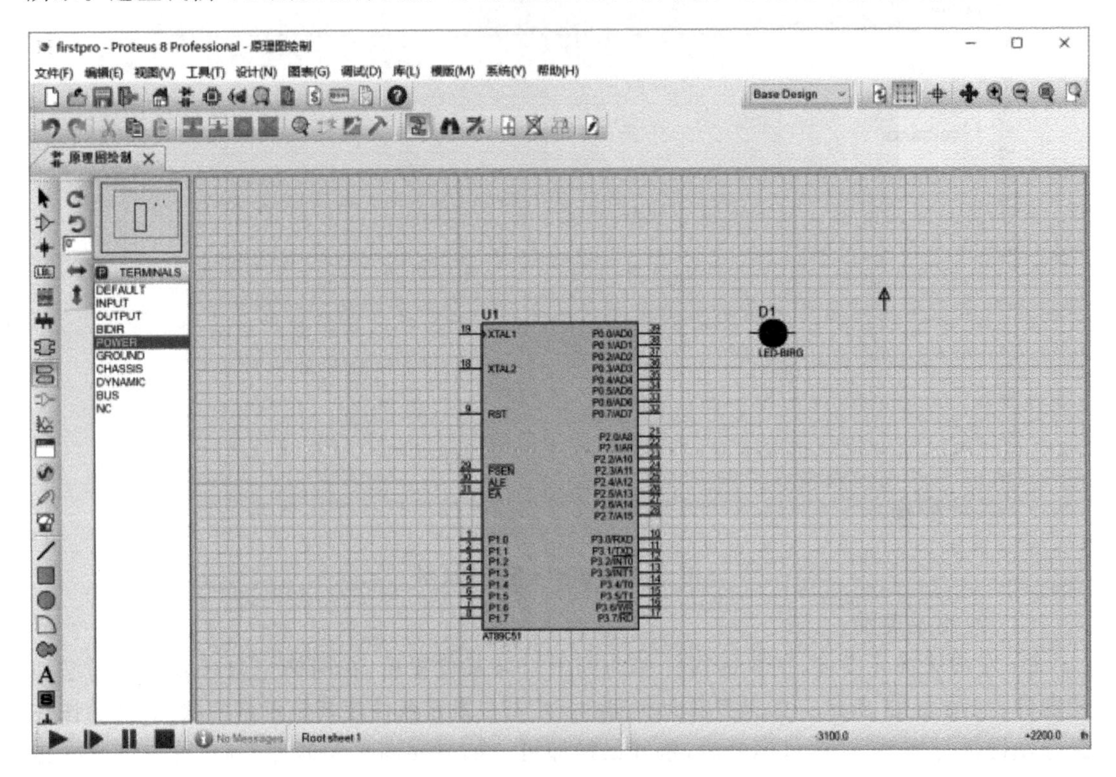

图 2.34　添加电源

在 Proteus 的电路设计中常用的工具按钮如下。

:选择模式。通常情况下都需要选中它，比如元器件布局时或连线时。

:元器件模式。单击该按钮能够显示出区域中的元器件，以便选择。

:线路标签模式。选中它并单击文档区电路连线能够为连线添加标签。它经常与总线模式配合使用。需要注意的是，即使两个点没有实际连线，但有相同的标签，也表示电路上是连接在一起的。

:文本模式。选中它能够为电路图添加文本。

:总线模式。选中它能够在电路中画总线。

:终端模式。选中它能够为电路添加各种终端，比如电源、地、输入、输出等。

:虚拟仪器模式。选中它能够在对象选择窗口中看到很多虚拟仪器列表，比如示波器、电压表、电流表等，我们可以根据需要进行选择。

③ 系统默认自动布线有效，相继单击元器件引脚间、线间等需要连线处(如单片机的管脚 P0.0 和 D1 的左端)，会自动生成连线，如图 2.35 所示。

④ 设置或修改元器件的属性。Proteus 库中的元器件都有相应的属性，要设置或修改其属性，可先右击放置在 Proteus ISIS 编辑区中的该元器件，然后单击它打开其属性窗口，这时可在属性窗口中设置或修改其属性。

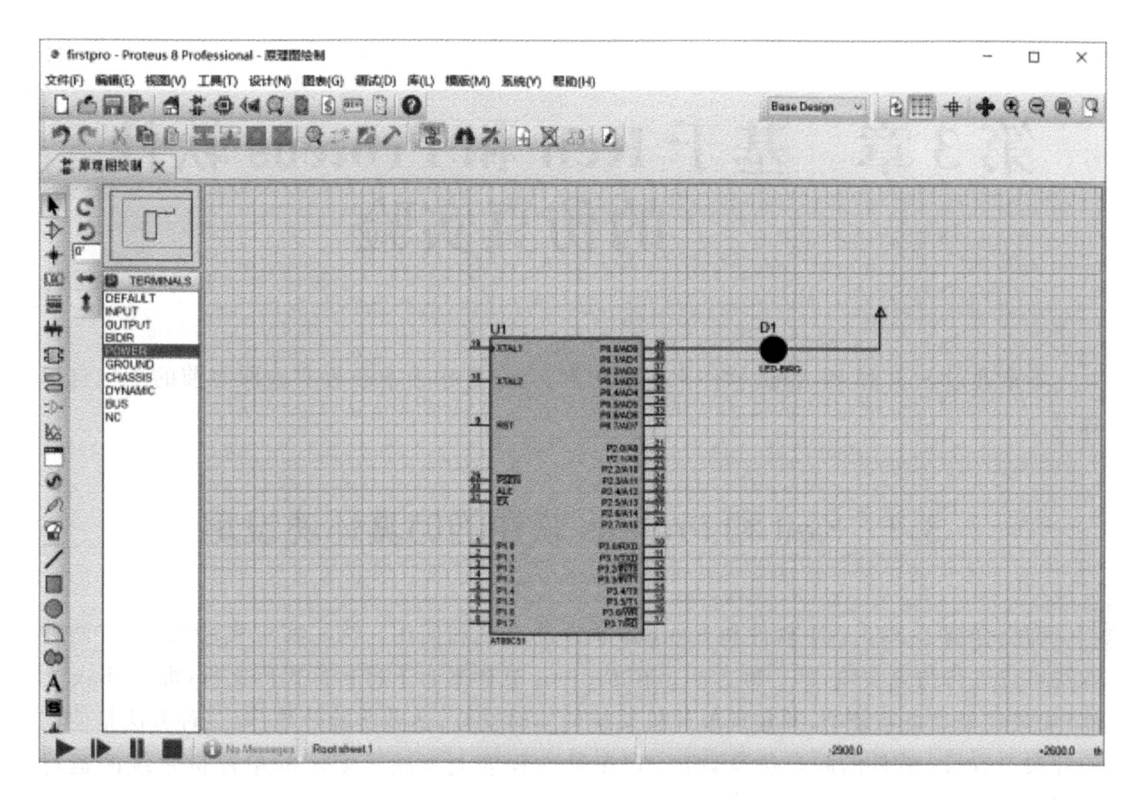

图 2.35　引线连接

⑤ 电气检测。电路设计完成后，单击电气检查快捷按钮，会出现检查结果窗口，窗口前面是一些文本信息，接着是电气检查结果列表，检查结果若有错，则会有详细的说明。电气检测也可通过菜单操作【工具】的【电气规则检查】完成。

经过上述步骤后，电路原理图设计完毕。

本章小结

本章主要介绍了 Keil 和 Proteus 软件的安装和使用方法，以及原理图的绘制。Proteus 软件还有很多强大的功能，这里没有一一介绍，大家可以自行了解并尝试使用。

第3章　基于 Keil 和 Proteus 软件的仿真实验

本章通过 Keil 和 Proteus 软件来实现仿真实验，可作为本教程实验课之前的学生自学练习。

3.1　Keil 和 Proteus 软件的仿真环境设定

前文介绍了 Keil C51 软件和 Proteus 软件的安装和使用。为了实现实验内容，有两种方法可以进行仿真实验，第一种方法是在 Proteus 软件平台下将目标代码文件（即 *.hex 文件）加载到单片机系统中，并实现单片机系统的实时交互，达到实验效果；第二种方法是使用 Keil 和 Proteus 软件的联合仿真调试，它在某种程度上反映了实际的单片机系统的运行情况。

本节将介绍上述第二种方法，即使用 Keil 和 Proteus 软件的联合仿真调试的环境设定。

(1) 把 Proteus 安装目录 Proteus 8 Professional\MODELS\下的 VDM51.dll 文件复制到 Keil μVision 4 安装目录 Keil\C51\BIN 文件夹下（目录名都是默认的，我们可以根据实际安装的目录进行复制）。如果使用 Protues 7 以上的版本，Proteus 目录里则没有 VDM51.dll 文件，可以在网上搜索下载。如图 3.1 所示。

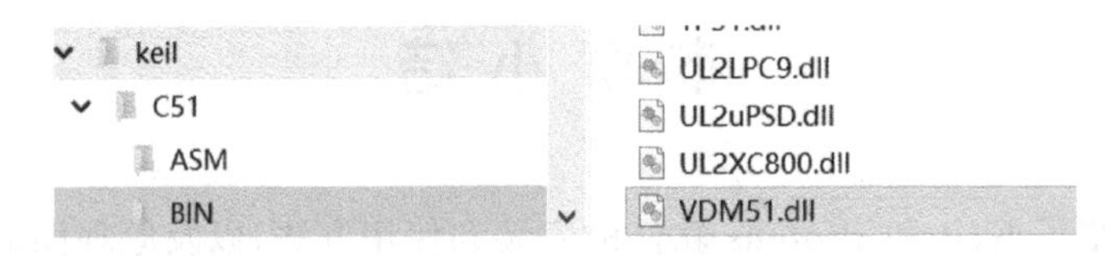

图 3.1　VDM51.dll 文件复制完成后界面

(2) 用记事本或者其他编辑软件（如 Ultra Edit）打开 Keil 根目录下的 TOOLS.INI 文件，在 C51 栏目下加入 TDRV9=BIN\VDM51.DLL（"Proteus VSM Monitor-51 Driver"），其中"TDRV9"中的"9"需要根据实际情况填写，从已有的最大序号顺延至下一位数，不能和之前的重复。如图 3.2 所示。

(3) 打开 Keil μVision 4 软件，建立一个新的工程（建立过程请参考本书 2.1 节）。

(4) 单击左上角工具栏中的【Option for Target】按钮。如图 3.3 所示。

(5) 在出现的对话框里单击【Debug】按钮，然后在右栏上部的下拉菜单里选中"Proteus VSM Monitor-51 Driver"，再单击"Use:"前面的小圆点，最后单击后面的【Settings】按钮，如

图 3.4 所示。本机联调时，在弹出对话框中的“Host”后面填写“172.0.0.1”，“Port:”后面填写“8000”。如图 3.5 所示。

```
TOOLS - 记事本
文件(F) 编辑(E) 格式(O) 查看(V) 帮助(H)
[UV2]
ORGANIZATION="csds"
NAME="ASUS", "shng"
EMAIL="vdvffd"
BOOK0=UV4\RELEASE_NOTES.HTM("uVision Release Notes",GEN)
[C51]
PATH="D:\keil\C51\"
VERSION=V9.01
BOOK0=HLP\Release_Notes.htm("Release Notes",GEN)
BOOK1=HLP\C51TOOLS.chm("Complete User's Guide Selection",C)
TDRV0=BIN\MON51.DLL ("Keil Monitor-51 Driver")
TDRV1=BIN\ISD51.DLL ("Keil ISD51 In-System Debugger")
TDRV2=BIN\MON390.DLL ("MON390: Dallas Contiguous Mode")
TDRV3=BIN\LPC2EMP.DLL ("LPC900 EPM Emulator/Programmer")
TDRV4=BIN\UL2UPSD.DLL ("ST-uPSD ULINK Driver")
TDRV5=BIN\UL2XC800.DLL ("Infineon XC800 ULINK Driver")
TDRV6=BIN\MONADI.DLL ("ADI Monitor Driver")
TDRV7=BIN\DAS2XC800.DLL ("Infineon DAS Client for XC800")
TDRV8=BIN\UL2LPC9.DLL ("NXP LPC95x ULINK Driver")
TDRV9=BIN\VDM51.DLL ("Proteus VSM Monitor-51 Driver" )
RTOS0=Dummy.DLL("Dummy")
RTOS1=RTXTINY.DLL ("RTX-51 Tiny")
RTOS2=RTX51.DLL ("RTX-51 Full")
LIC0=SDJII-TSXX0-81IP1-CR092-9IMFW-A452X
```

图 3.2　TOOLS.INI 文件内容

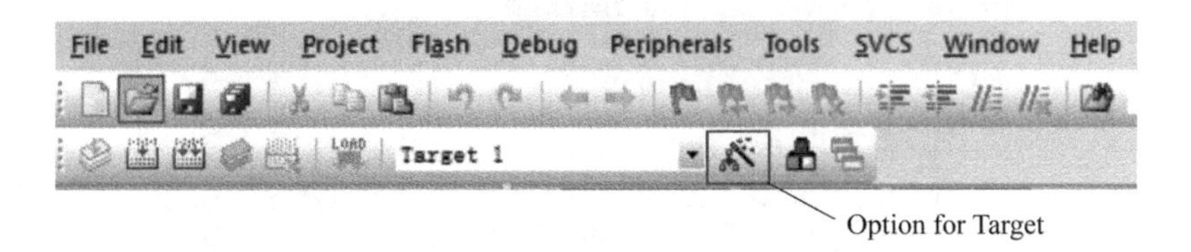

图 3.3　【Option for Target】按钮

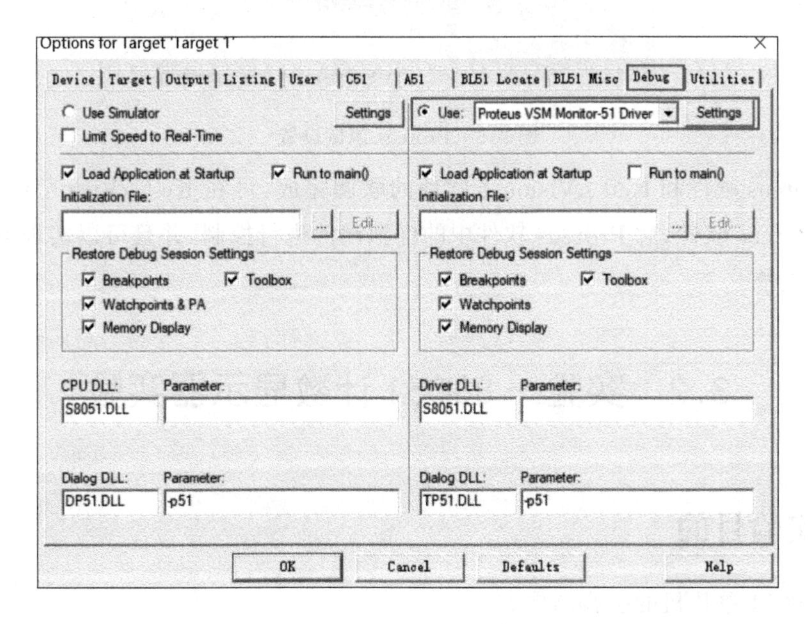

图 3.4　Debug 设置界面

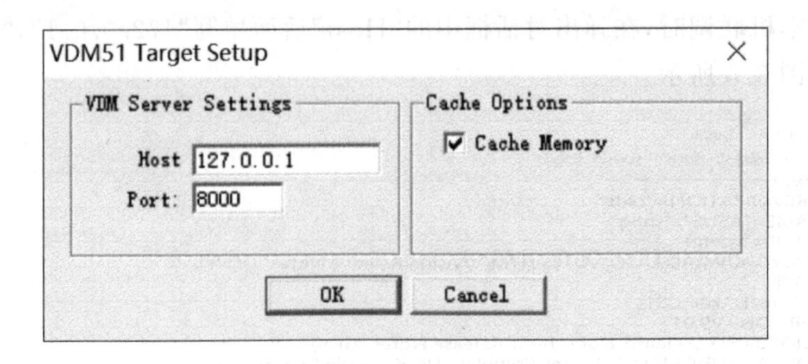

图 3.5　本机联调设置界面

(6) 打开 Proteus 软件,左击菜单“调试”,勾选“启动远程编译监视器”。如图 3.6。(图中为中文版)

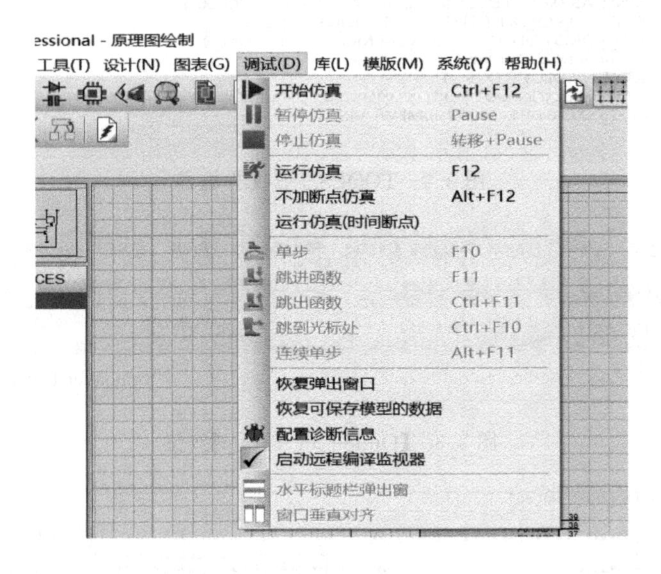

图 3.6　Proteus 调试设置

(7) Proteus 软件和 Keil μVision 4 软件的联调完成,可在 Keil μVision 4 中编写程序并编译给 Proteus 软件,对 Proteus 软件中的虚拟硬件进行控制,并且可以实现 Keil 中逐步调试等调试功能。

3.2　实验一 80C51 计数显示器实验

一、实验目的

(1) 了解 51 单片机的引脚结构。

(2) 学习 Keil 的基本方法。

二、实验内容

采用 T0 计数器方式 2 对按键次数进行统计，并将动作次数通过 2 个数码管显示出来。要求以中断方式编程，显示范围为 1～99，超过显示范围将自动循环显示，增量为 1。

首先打开 Proteus 软件，根据 2.2.2 节中描述的方法创建工程，并且在软件中单击，选择 7SEG-COM-CATHODE、AT89C51、BUTTON 和 RESPACK-7（如果需要旋转器件，只需要将光标放在元器件上，右击后选择旋转功能），选择左侧工具栏的图标，然后选择电源和接地，将所有元器件摆放在绘图区域，如图 3.7 所示。

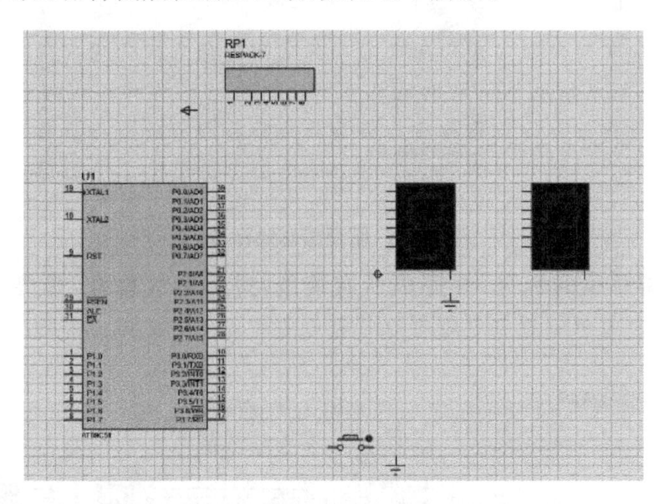

图 3.7　计数显示器电路元器件图

电路原理图中的粗线为总线可以方便地进行排线连接。具体操作方法如下。

首先，单击左侧的总线符号。

然后，在绘图区域画出总线，将元器件连到总线上，如图 3.8 所示。

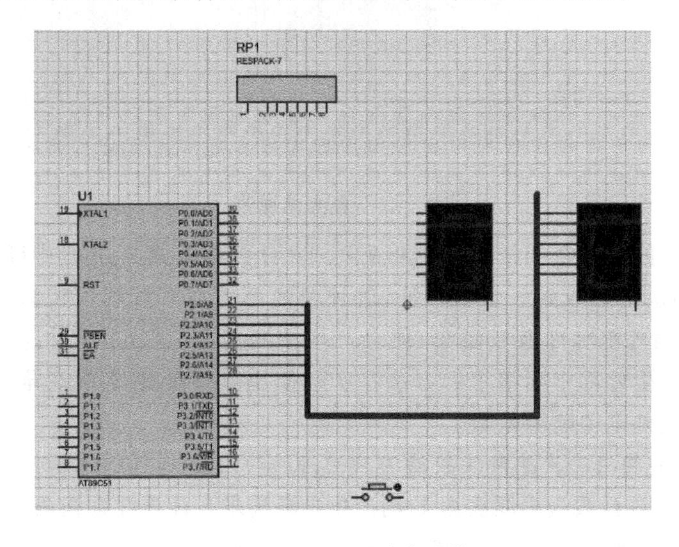

图 3.8　原理图总线连接

接着，单击左侧的LBL网络标号，然后双击给总线的各个分支加上标号，如图 3.9 所示。

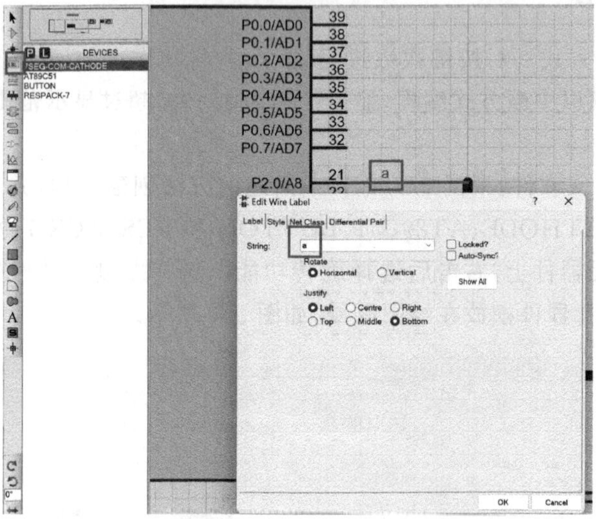

图 3.9　原理图总线标号

最后，完成所有总线的标号，并完成所有接线，进行电气检查，最终原理图如图 3.10 所示。

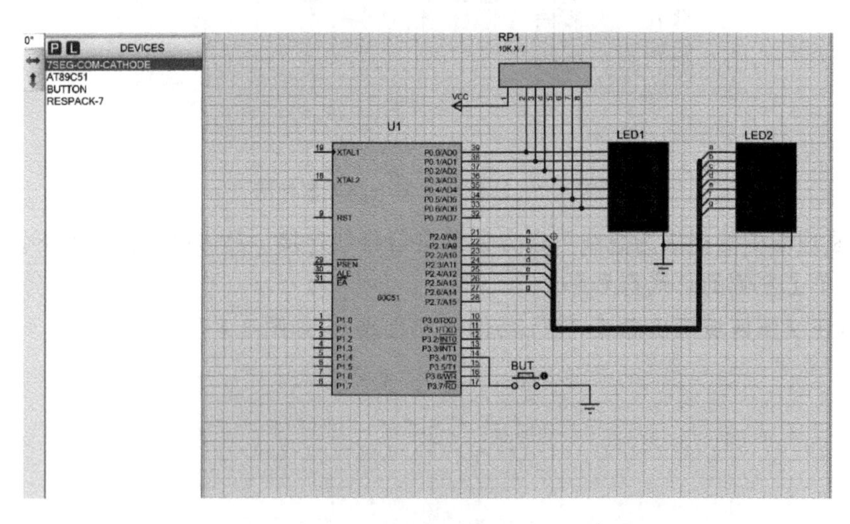

图 3.10　最终原理图

此计数显示器的软件查询按键检测将采用 T0 计数器方式 2，并以中断方式编程。计数器原理为 P3.4 引脚每接收到一个负脉冲，单片机内部的加 1 计数器将自动把 TL0 中的值加 1，计数器一旦因外部脉冲造成溢出，便会产生中断请求，进而执行相应的中断函数。这与利用外部脉冲产生外部中断请求的方法在实际使用效果上并没有差异，即计数器中断原理还可以用来扩充外部中断源数量。

编程原理：首先将 T0 设置为计数器方式 2，设定 TH0 与 TL0 的初值使其在一个外部脉冲到来时就能溢出(计数溢出周次为 1)而产生中断请求。计算计数初值 $a=2^8-1=0xff$，故应初始化 TMOD＝0000 0110B＝0x06。

打开 Keil 软件，创建一个新工程，选择 Atmel——AT89C51 芯片，在菜单栏选择【File】→【New】，也可用快捷键 Ctrl＋N 或单击快捷图标，即在文件编辑窗口弹出 Text1 的文本，然后将程序写入此文件，如图 3.11 所示。

```
Text1*
#include <reg51.h>
unsigned char code table[]={0x3f,0x06,0x5b,0x4f,
                            0x66,0x6d,0x7d,0x07,0x7f,0x6f};
unsigned char count=0;          //计数器赋初值

int0_srv () interrupt 1{        //T0中断函数
    if(++count==100) count=0;   //判断循环是否超限
    P0=table[count/10];         //显示十位数
    P2=table[count%10];         //显示个位数
}

main(){
   P0=P2=table[0];              //显示初值"00"
   TMOD=0x06;                   //T0计数方式2
   TH0=TL0=0xff;                //计数初值
   ET0=1;                       //开中断
   EA=1;
   TR0=1;                       //启动T0
   while(1);
}
```

图 3.11　编码界面

接着单击图标进行保存，文件名则根据需要自行选择填入，但使用 C 语言编写程序时，其扩展名须为“实例 1.c”，如图 3.12 所示。

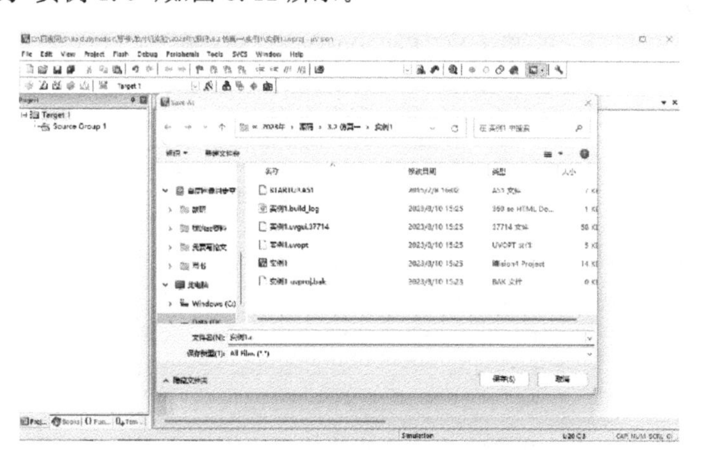

图 3.12　c 文件保存界面

保存完毕后右击“Target 1”目录下的“Source Group 1”，然后单击【Add Files to Group...】，添加刚才保存的源文件实例 1.c，再打开“Source Group 1”目录，双击源文件后的 Keil μVision 4 工作界面如图 3.13 所示。

确认 Keil 的设置是否正确，对照图 2.19 中所描述的“Creat HEX File”已被勾选。

打开 Proteus 软件，按 Proteus 和 Keil 的联调中第四点设置 Proteus，启动远程编译监视器。

上述操作完成后即可开始调试，依次点击编译“Translate”“Build”“Rebuild”按钮（如图 3.14 所示），将 Keil μVision 4 中的 C 语言文件编译为 HEX 文件以供 51 单片机读取。如图 3.15 所示。

在图 3.14 中，左边的是“Translate”按钮，其功能为编译当前改动的源文件，在这个过程中检查语法错误，但并不生成可执行文件。中间的是“Build”按钮，其功能为只编译工程中上次修改的文件及其他依赖于这些修改过的文件的模块，同时重新链接生成可执行文件。

如果工程之前没被编译链接过,它会直接调用 Rebuild All。另外,在技术文档中,Build 实际上是指 Increase Build,即增量编译。右边的是"Rebuild"按钮,其功能为无论工程的文件有没有被编译过,都会对工程中所有文件重新进行编译并生成可执行文件,因此时间较长。

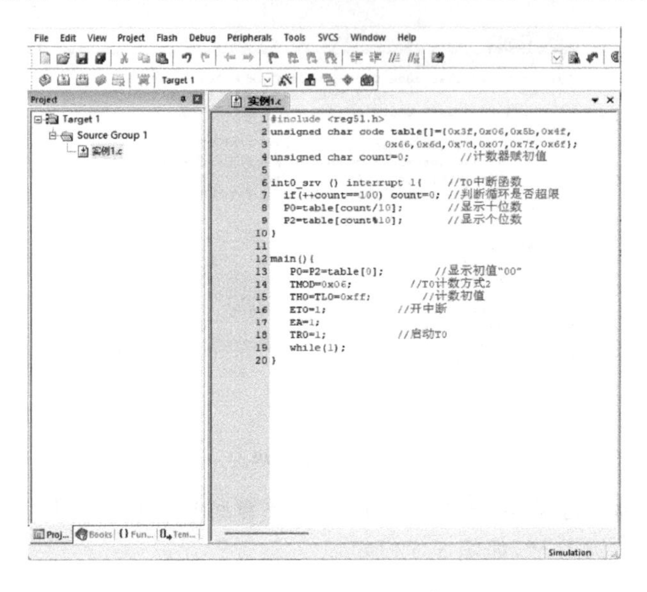

图 3.13 Keil μVision 4 工作界面

图 3.14 三个编译按钮

名称	类型	大小
STARTUP.A51	A51 文件	7 KB
实例1	文件	2 KB
实例1.build_log	360 se HTML Docu...	1 KB
实例1	C 文件	1 KB
实例1.hex	HEX 文件	1 KB
实例1.lnp	LNP 文件	1 KB
实例1.LST	LST 文件	1 KB
实例1.M51	M51 文件	4 KB
实例1.OBJ	OBJ 文件	2 KB
实例1.uvgui.37714	37714 文件	68 KB
实例1.uvopt	UVOPT 文件	5 KB
实例1	礦ision4 Project	14 KB
实例1_uvproj.bak	BAK 文件	0 KB

图 3.15 编译而成的 HEX 文件

编译而成的 HEX 文件一般放在默认文件夹中,Proteus 软件中的单片机也会直接从默认文件夹中读取编译的 HEX 文件,无须手动指定文件路径。如果用户需要指定 HEX 文件的存放地点,可单击工具栏的【Option for Target】按钮,在出现的对话框里单击【Output】按钮，然后单击【Select Folder for Objects】按钮。如图 3.16 所示。

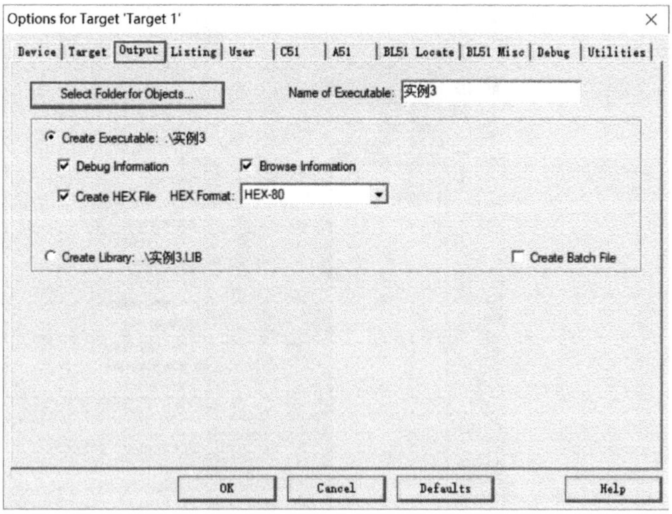

图 3.16　Output 设置界面

单击【Select Folder for Objects】按钮后，系统将自动弹出 HEX 文件存放地点选择界面，如图 3.17 所示。单击图中下拉框图标即可修改。

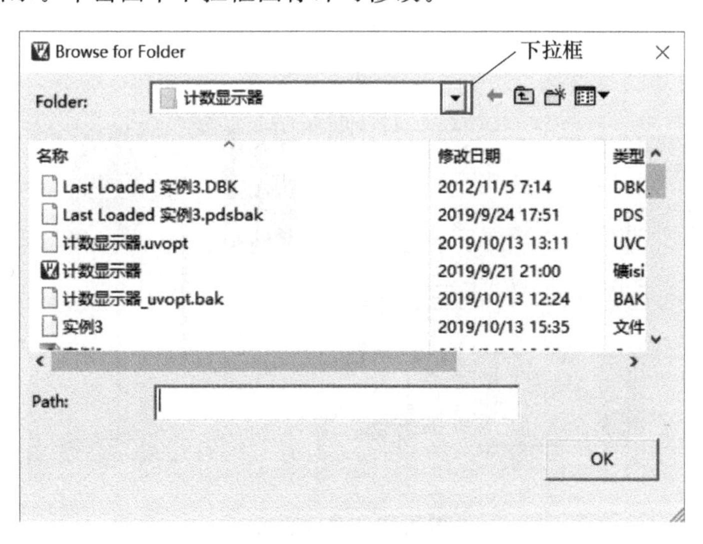

图 3.17　HEX 文件存放地点选择界面

当用户修改了 Keil μVision 4 中存放 HEX 文件的默认文件夹，也必须同时修改 Proteus 中单片机读取 HEX 文件的地址。

打开图 3.10 的原理图，双击单片机 AT89C51，找到“Program file”项，选择本实例生成的 HEX 文件，然后就可开始在 Proteus 中仿真，单击调试按钮中的【开始仿真】按钮，然后单击左下角【开始】按钮即可运行程序。如图 3.18 所示。

完成上述步骤后就可开始调试，单击虚拟硬件【BUT】按钮，单片机将自动记录按键次数并将其显示在两个数码管上，如图 3.19 所示。

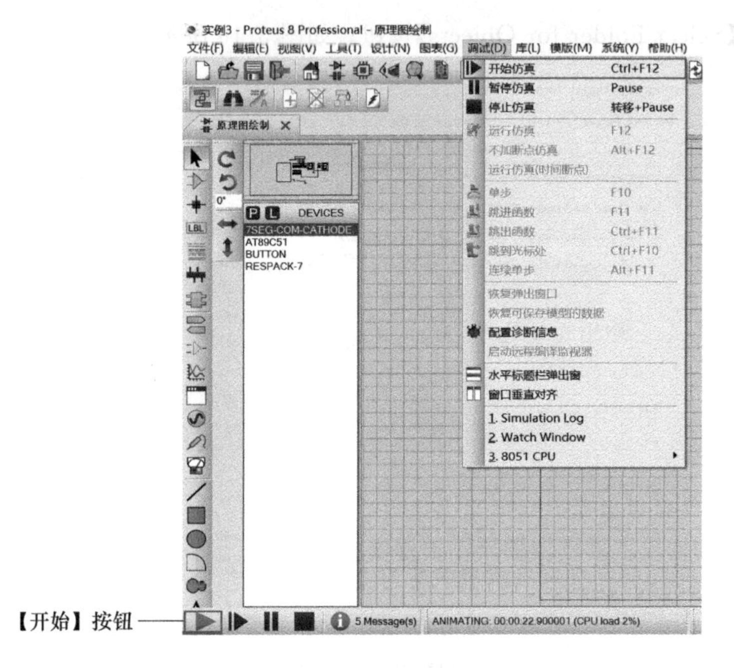

图 3.18 启动仿真

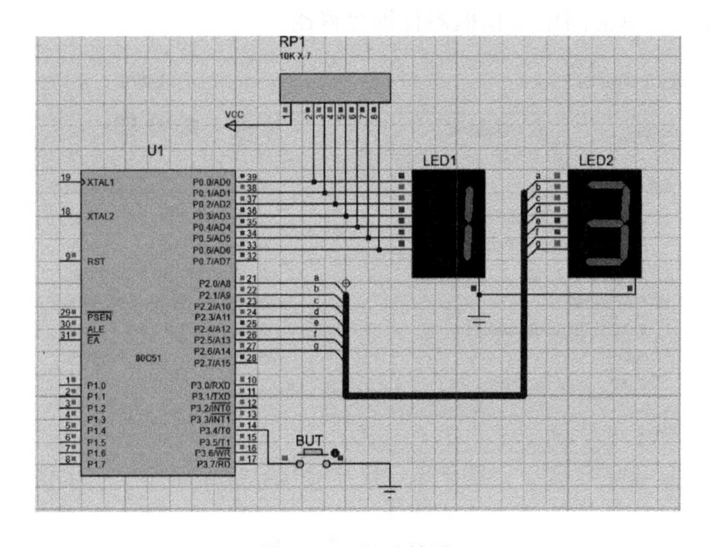

图 3.19 调试结果

3.3 实验二 80C51 双机串行通信实验

一、实验目的

(1) 了解 80C51 单片机的引脚结构。
(2) 学习串行通信的用法。

二、实验内容

本实验系统使用 AT89C51 芯片和两个 51 单片机进行串口方式 1 通信，其中甲机循环发送数字 0～9，并根据乙机返回值决定发送新数（若返回值与发送值相同）或重复发送当前数（若返回值与发送值不同）。乙机接收数据后直接返回接收值。双机都将当前值显示在各自的共阴数码管上。

根据 3.2 节中介绍的步骤，首先在 Proteus 软件中绘制原理图，如图 3.20 所示；然后放置元器件、电源和接地，进行连线，对各元器件进行属性设置，并进行电气检查。原理图所使用的元器件如图 3.20 左侧区域。

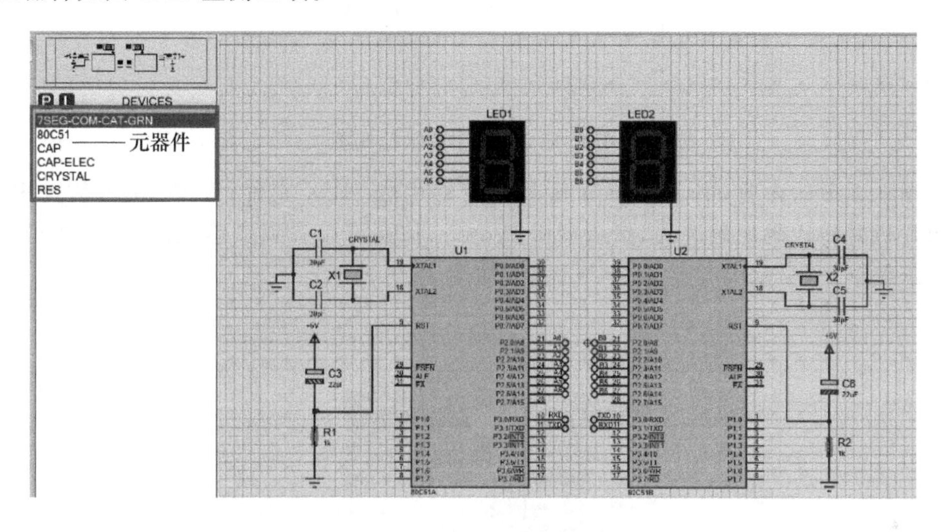

图 3.20　双机串行通信电路原理图

完成原理图的绘制和接线后，新建两个 Keil 工程，分别为甲机工程和乙机工程。其中，甲机工程的代码如图 3.21 所示，乙机工程的代码如图 3.22 所示。

图 3.21　甲机工程的代码图

```
/*接收程序*/
#include<reg51.h>
#define uchar unsigned char
char code map[]={0x3F,0x06,0x5B,0x4F,0x66,0x6D,0x7D,0x07,0x7F,0x6F};//'0'~'9

void main(void){
    uchar receiv;          //定义接收缓冲
    TMOD=0x20;           //T1定时方式2
    THl=TL1=0xf4;        //2400b/s
    PCON=0;            //波特率不加倍
    SCON=0x50;           //串口方式1,TI和RI清零,允许接收;
  TR1=1;              //启动T1
    while(1){
    while(RI==1){    //等待接收完成
         RI = 0;       //清RI标志位
         receiv = SBUF; //取得接收值
       SBUF = receiv; //结果返送主机
       while(TI==0);  //等待发送结束
       TI = 0;        //清TI标志位
       P2 = map[receiv];//显示接收值
       }
    }
}
```

图 3.22　乙机工程的代码图

参考 3.2 节的内容，甲、乙机的工程代码分别生成 HEX 文件，在 Proteus 软件中，双击两个单片机并将代码加载进去，然后利用 Proteus 仿真可以看到实验现象，两个数码管几乎同时显示数字，所显示的数字为 0～9 循环，如图 3.23 所示。

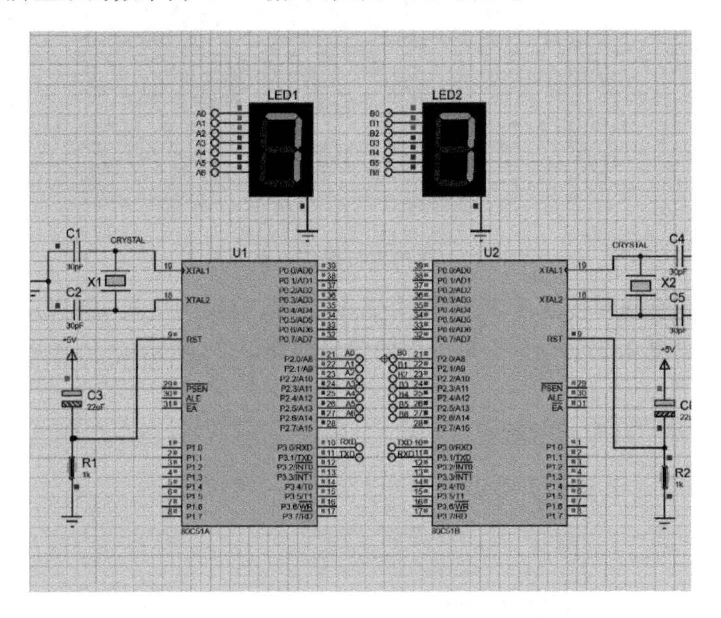

图 3.23　仿真效果图

本章小结

本章介绍了两个基于 Keil 和 Proteus 软件的联调实验，从原理图的绘制到 C51 程序的编写，最终实现 HEX 代码加载、调试和运行。通过这两个实验，学生可以学习如何进行仿真实验，为进一步学习单片机的应用奠定基础。

第 4 章　基于开发板的 51 实验

本章通过开发板的 51 单片机来实现基本的 51 实验教学，使学生加深对 51 单片机引脚功能的理解，培养学生对于 51 单片机应用的能力。

4.1　普中 51-双核-A6 开发板

4.1.1　开发板简介

普中 51-双核-A6 开发板为双 CPU 设计，分别是 STC89C516 和 STC8A8K64S4A12 芯片，它们都是 51 内核的单片机，不过本书的实验主要使用 STC89C516 芯片，本章内容参考普中官网 http://www.prechin.cn/提供的参考资料。普中 51-双核-A6 开发板如图 4.1 所示。

图 4.1　普中 51-双核-A6 开发板外观图

开发板的各个功能模块如图 4.2 所示。开发板各个功能模块的功能描述见表 4.1。

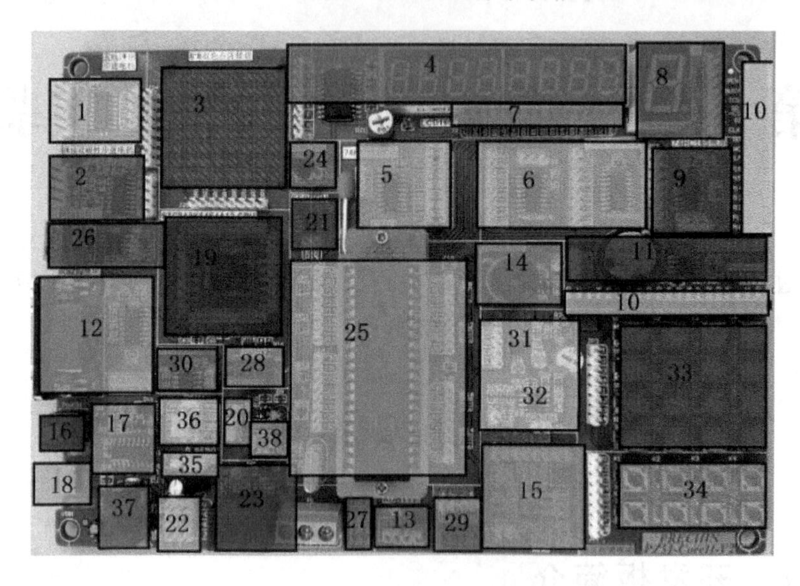

图 4.2　开发板功能模块图

表 4.1　开发板功能模块表

序号	模块	功能描述
1	五线四相步进电机驱动模块	使用 ULN2003 芯片，可驱动直流电机、五线四相步进电机
2	四线双极性步进电机/直流电机驱动模块	使用 TC1508S 芯片，可驱动直流电机（正、反转控制）、四线双极性步进电机
3	8×8 双色 LED 点阵模块	可独立控制双色点阵显示数字、字符、简单汉字、图形等
4	动态数码管模块	使用 74HC245 芯片驱动 2 个四位一体共阴数码管
5	74HC138 译码器模块	使用 74HC138 译码器，默认用于控制动态数码管位选
6	74HC595 模块	使用 2 块 74HC595 芯片级联扩展 IO，可用于控制 8×8 LED 双色点阵、数码管
7	LCD1602 液晶接口	连接 LCD1602 液晶屏
8	静态数码管模块	使用一位共阳数码管
9	74HC165 模块	使用 74HC165 芯片，可实现 IO 口扩展（并转串）功能
10	LCD12864/TFT 彩屏接口	可兼容不带字库 LCD1286、带字库 LCD12864 以及 TFTLCD 彩屏
11	DS1302 时钟模块	使用 DS1302 时钟芯片，可实现数字时钟功能
12	RS232 模块	使用 MAX232 芯片，可实现 RS232 串口通信及程序下载
13	DS18B20 & DHT11 接口	可兼容 DS18B20 温度传感器和 DHT11 温湿度传感器
14	蜂鸣器模块	使用无源蜂鸣器，可实现报警提示等功能
15	LED & 交通灯模块	使用 10 个 LED 灯（红、黄、绿），按照交通灯模型排列
16	电源开关	控制系统电源
17	USB 转 TTL 串口模块	使用 CH340 芯片，可实现 USB 转 TTL 串口功能，既可下载程序，又可实现串口通信

续 表

序号	模块	功能描述
18	Mini USB 接口	既可支持配置的 USB 数据线，又可支持安卓手机的 USB 数据线
19	STC8A8K64S4A12-CPU 核心模块	增强型 51 单片机，处理速度约为 STC89C5x 的 12 倍，具备大存储容量，64 KB FLASH 和 8 KB SRAM，自带在线仿真功能
20	单片机复位选择切换端子	51 单片机是高电平复位，所以选择短接片短接到 H 侧；对于 AVR 等低电平复位的单片机，将短接片短接到 L 侧
21	EEPROM 模块	使用 AT24C02 芯片，存储容量为 256 字节，可实现 IIC-EEPROM 功能，存储的数据掉电不丢失
22	电源输出端子	可输出 5 V 和 3.3 V 电压供外部使用
23	继电器模块	使用直流继电器，建议在低压段控制，不要使用高压 220 V，以免造成人身安全问题
24	红外接收模块	使用一体化红外接收头，可实现红外遥控通信
25	STC89C516 单片机/ARM 核心板/AVR 核心板接口座和 IO 引脚	可固定单片机，并将单片机 IO 口全部引出，方便用户二次开发
26	RS485 模块	使用 MAX485 芯片，可实现 RS485 通信
27	ISP 接口	使用 AVR 或 AT 芯片时，可实现 ISP 下载
28	STC8A 核心内 NRF24L01 模块接口	支持 NRF24L01 模块，可实现 2.4 G 无线通信
29	WiFi/蓝牙模块接口	使用 PZ-ESP8266-WIFI 模块或者 PZ-HC05 蓝牙模块，配合 APP 可实现 WiFi 或者蓝牙无线控制
30	STC8A 核心内 RS485 模块	使用 MAX485 芯片，该模块属于 STC8A 核心的 RS485 模块，可与 STC89C516 内的 RS485 模块相互通信
31	ADC 模块	使用 XPT2046 芯片，可实现模拟信号采集转换，可设计简易电压表等
32	DAC(PWM)模块	使用 LM358 芯片，可实现模拟信号输出、PWM 控制
33	矩阵键盘模块	使用 4×4 矩阵键盘，可实现键盘输入控制
34	独立按键模块	使用 2×4 按键，可实现按键控制
35	系统电源切换端子	3.3 V 和 5 V 电源切换，使用 51 单片机要切换到 5 V，默认也是短接到 5 V 端，使用 STM32 时可切换至 3.3 V 端
36	USB 转 TTL 串口 & RS232 模块 & STC8A 单片机下载切换端子	使用 USB 转 TTL 模块给 STC89C516 进行串口通信或下载时，短接片短接到中间端(URXD→P31T，UTXD→P30R)，默认出厂就是短接到该处
37	火牛接口	可接入 DC5V 电压，切勿超过此电压，否则会烧坏开发板上的芯片
38	复位按键	系统复位按钮

开发板上使用的51单片机型号是STC89C516,此芯片共有40个引脚,芯片引脚图如图4.3所示。

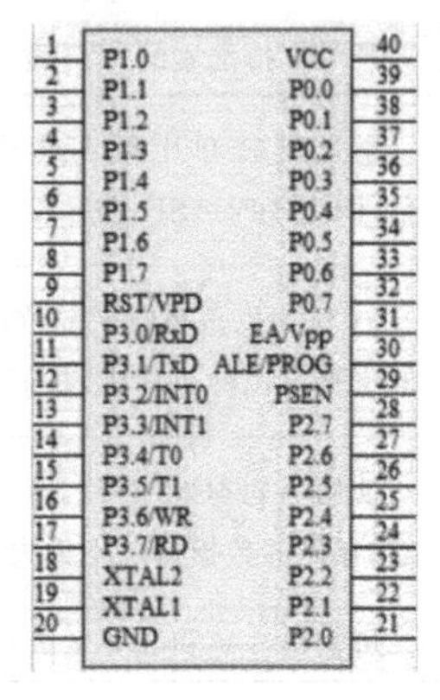

图4.3 STC89C516引脚图

4.1.2 仿真器配置

在单片机的开发过程中,需要编写程序,烧入单片机实现功能,这种方法对于简单系统是可行的,但对于代码较多的复杂系统则不适用。仿真器(Emulator)是通过硬件和软件对单片机进行仿真,替代目标系统中的MCU,所以不需要频繁烧写芯片。此外,还可以从软件界面来观察所编写的单片机程序和数据,并控制MCU的运行。

1. 普中51仿真器驱动安装

(1) 如图4.4所示,将仿真器接在开发板上(需要注意的是,仿真器的放置方向应和单片机的放置方向一致,我们还可以根据仿真器底部的引脚来判断方向)。

图4.4 仿真器驱动引脚图

先关闭杀毒软件,用USB线将仿真器连接到计算机,然后用管理员身份运行安装文件。驱动软件分为64位和32位,可以根据计算机配置选择性安装。

(2) 双击 set up 图标,如图 4.5 所示。双击后出现图 4.6 所示的界面。

图 4.5　安装软件图一

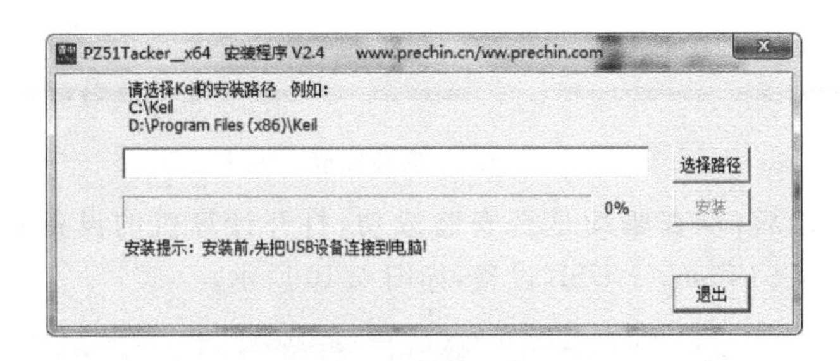

图 4.6　安装软件图二

(3) 在选择路径时,选择与 Keil 相同的安装路径(此处 Keil 软件安装在 I 盘中,所以选择了 I 盘中的 Keil 安装文件夹)。

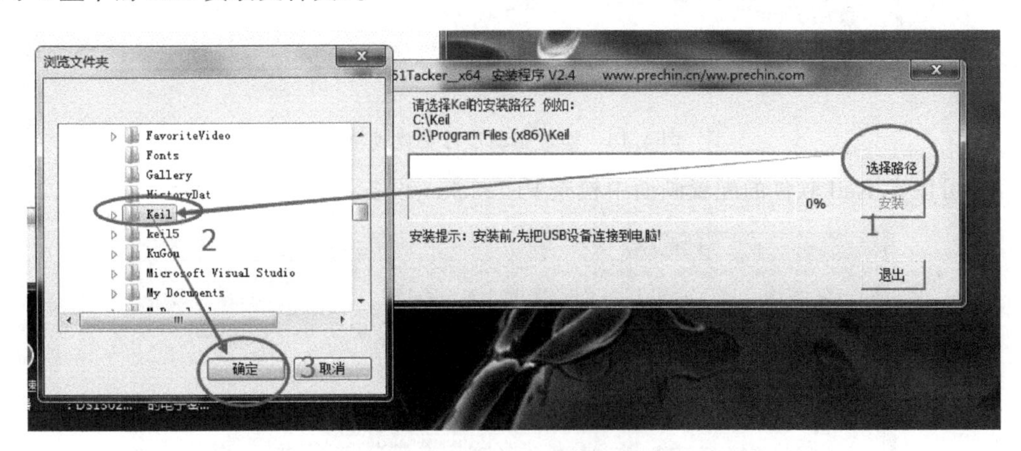

图 4.7　选择安装路径

单击【确定】后出现如图 4.8 所示的界面。

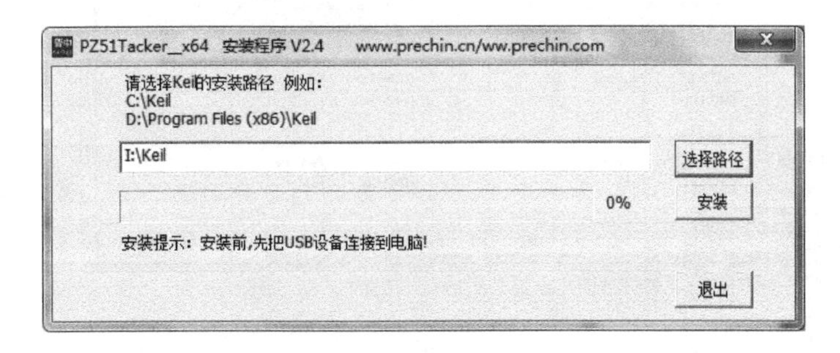

图 4.8　开始安装

一旦【安装】按钮由灰色变成黑色,就单击【安装】。仿真器驱动安装完成的界面如图 4.9 所示,安装进度为 100%后单击【退出】即可。

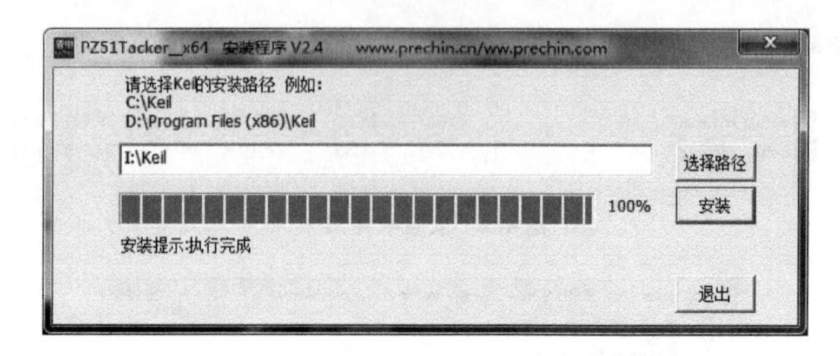

图 4.9 安装完成

(4) 安装完成之后,检查驱动是否安装成功,打开计算机的设备管理器,检查 USB Devices 里是否有 PZ-51Tracker USB 设备,如图 4.10 所示。

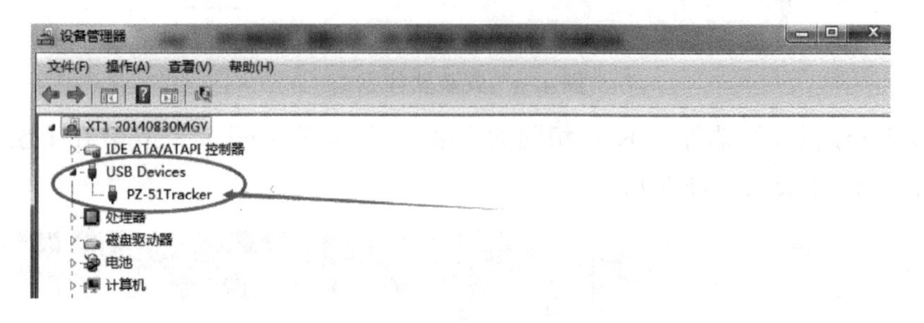

图 4.10 检查驱动是否安装成功

还可以在 Keil 软件的配置画面中检查 51Tracker 设备,如图 4.11 所示。

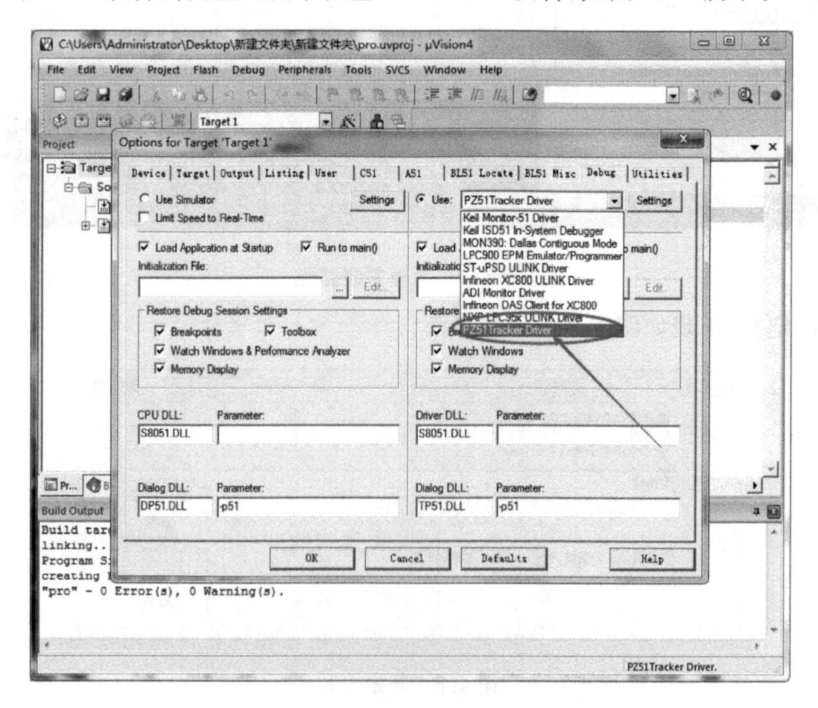

图 4.11 检查仿真器驱动

以上确认无误,则仿真器驱动安装成功。

2. 仿真的步骤

(1) 打开一个编译无错(0 Error)的项目工程,如图 4.12 所示。

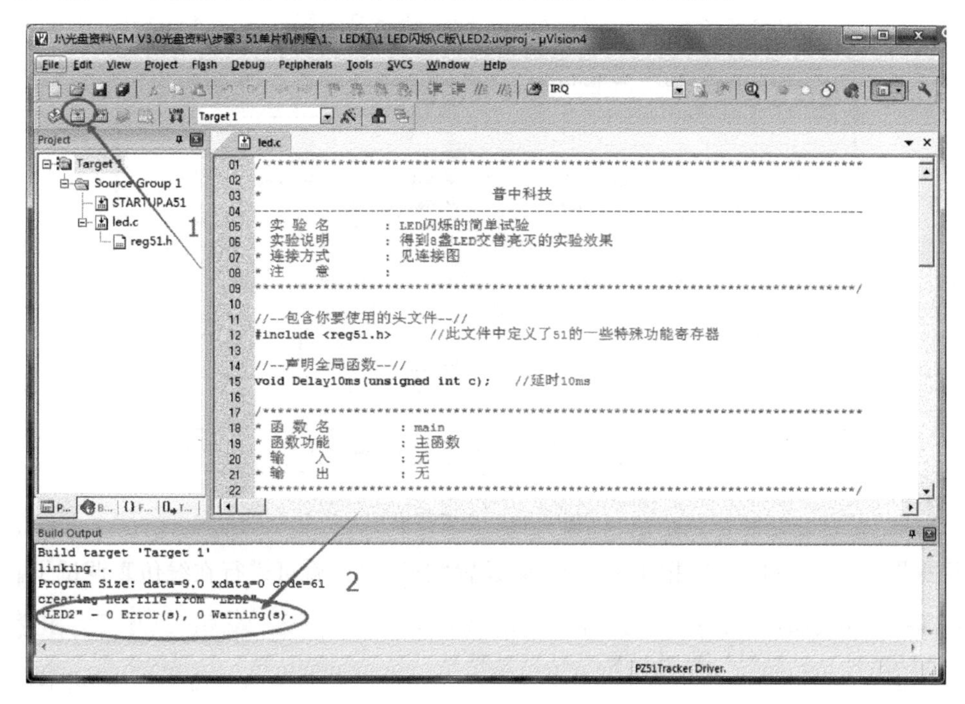

图 4.12　打开项目工程

(2) 单击 Keil 软件的魔术棒,进入硬件仿真设置,如图 4.13 和图 4.14 所示。

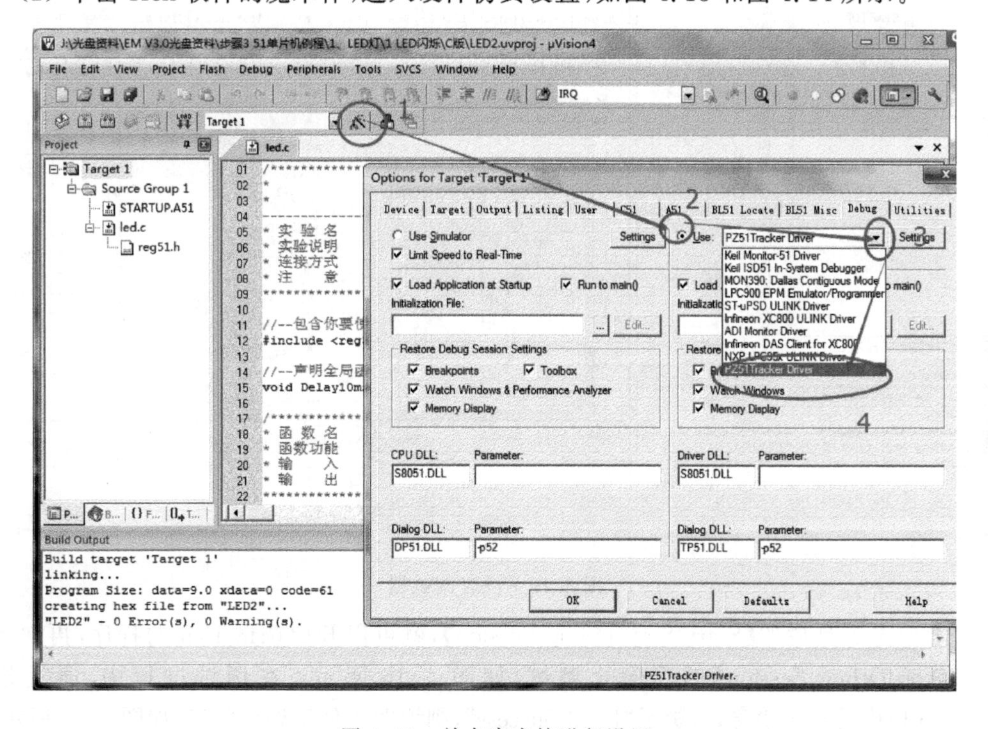

图 4.13　单击魔术棒进行设置

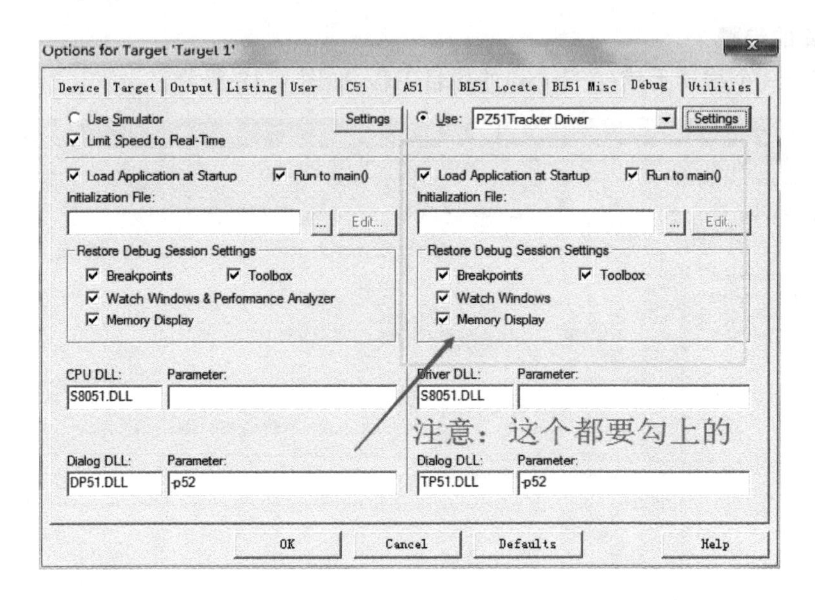

图 4.14　设置要求

根据图 4.13 和图 4.15，把 1～9 个步骤设置完成之后，就可进行在线仿真调试了。

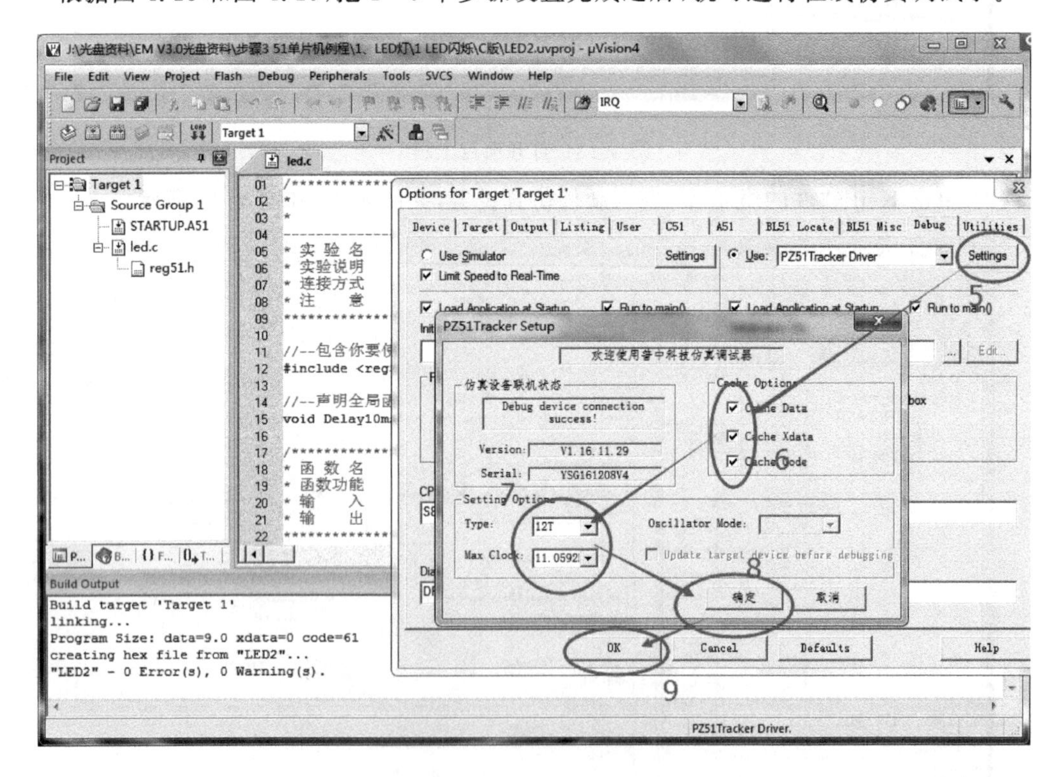

图 4.15　设置调试器

(3) 单击工具栏的【Start/Stop Debug Session】，就可以开始调试 Keil 的程序，再次单击【Start/Stop Debug Session】即可停止调试，如图 4.16 所示。在调试过程中，通过检查 Command 栏内的提示消息，若提示“Load Success”，则说明正处于调试状态，如图 4.17 所示。

图 4.16　开始调试

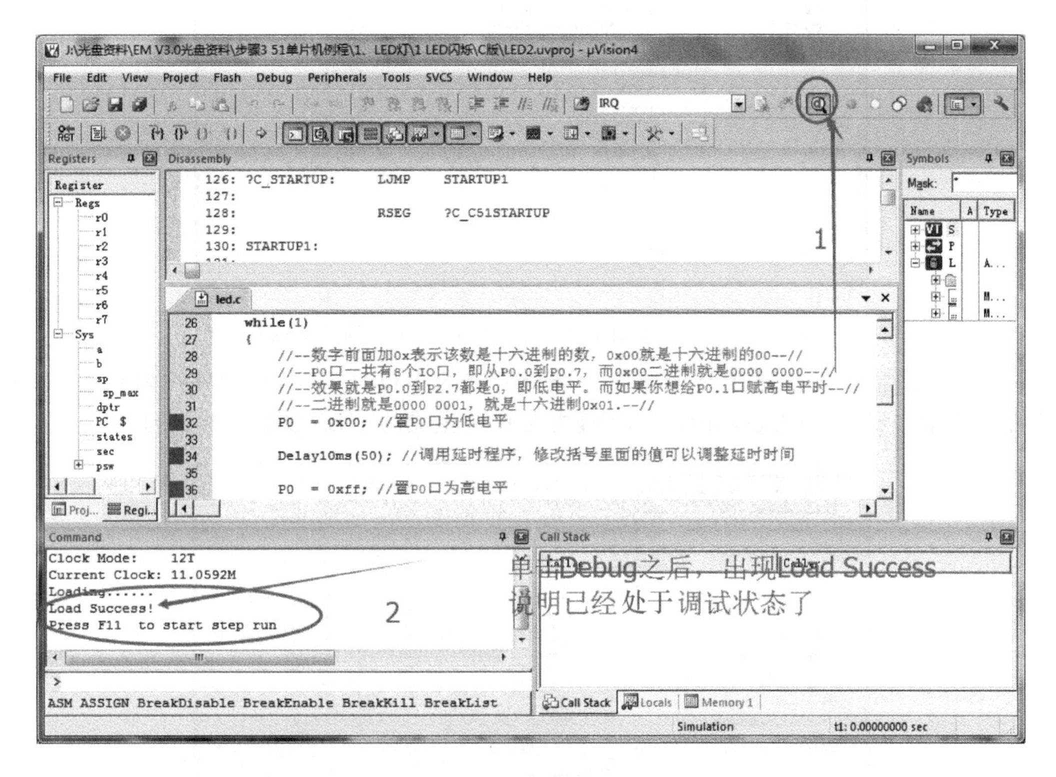

图 4.17　检查调试状态及结果

4.1.3　烧写软件

把 Keil 编写的 C51 代码编译成机器语言，然后通过硬件接线下载到单片机中的过程称为烧写，这种软件就称为烧写软件。我们可以根据单片机型号来选择烧写软件，例如 STC 系列单片机需用 STC-ISP 程序下载软件，而 AT89S 系列单片机则通常采用 Easy 51pro 下载软件。

1. STC-ISP 程序下载软件的使用方法

(1) 打开 STC-ISP 下载烧写软件，在左上角下拉框中选择单片机型号，例如本书所用的开发板选择 STC89C52。在进行串口号选择时，需先将开发板与计算机相连接，连接是否成功可以根据图 4.18 所示的界面进行判断，打开计算机的设备管理器，查看端口(COM 和 LPT)下层设备连接是否出现 USB-SERIAL CH340(COM7)(不同的计算机可能会使用不同的串口)，如果没有出现此端口，首先检查是否已安装 CH340 驱动软件，其次检查硬件连接是否有问题。

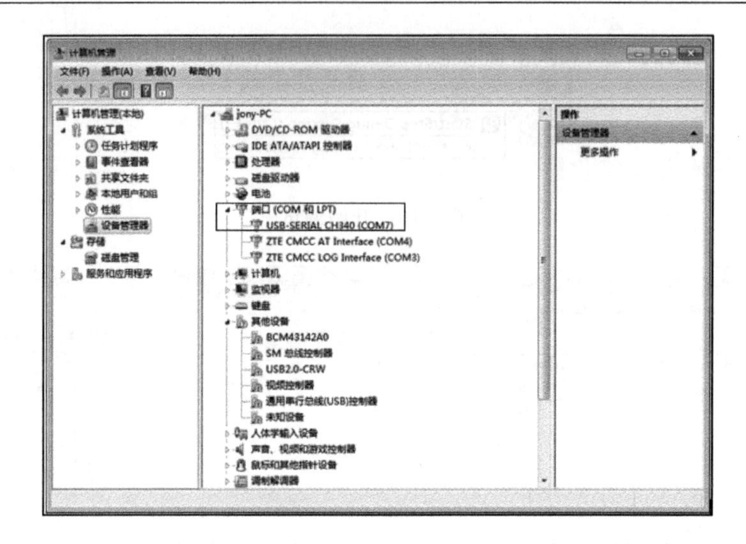

图 4.18　USB-SERIAL CH340(COM7)串口连接示意图

(2) 首先,根据设备连接显示的串口选择相应的串口号,其他全部使用默认选项,如图 4.19 所示。然后,单击【打开程序文件】找到 Keil 生成的 HEX 文件并将其打开。

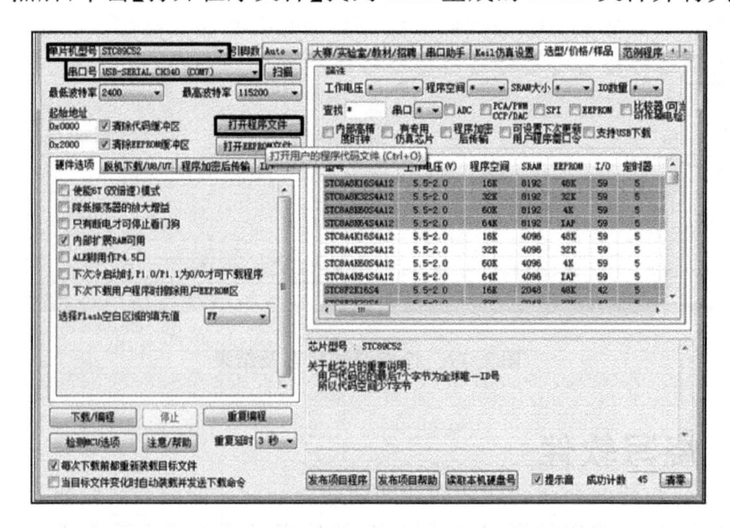

图 4.19　STC 下载烧写软件主界面参考示意图

(3) 单击【下载/编程】,将 HEX 程序烧入单片机,若右下角出现“操作成功!”,则表明程序成功下载到目标单片机上,如图 4.20 所示。

2. 普中公司开发的自动下载软件(推荐使用)

(1) 首先双击普中自动下载软件,打开的画面如图 4.21 所示。

(2) 将开发板与计算机相连接,并打开电源。针对本章的 51 单片机实验,选择的芯片类型为 STC89Cxx(New)。

(3) 进行串口号选择,连接是否成功可以根据图 4.21 所示的界面进行判断,确定串口号后面显示 USB-SERIAL CH340(COMX)(不同的计算机可能会使用不同的串口号),如果没有出现串口号,首先检查是否已安装 CH340 驱动软件,然后检查硬件连接是否断线。

(4) 单击文件路径的【打开文件】,寻找需要写到 51 芯片里的 HEX 文件。

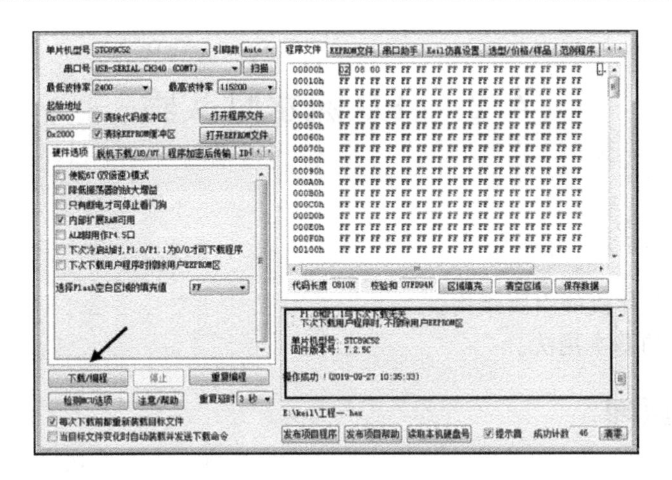

图 4.20　下载程序到单片机导向图

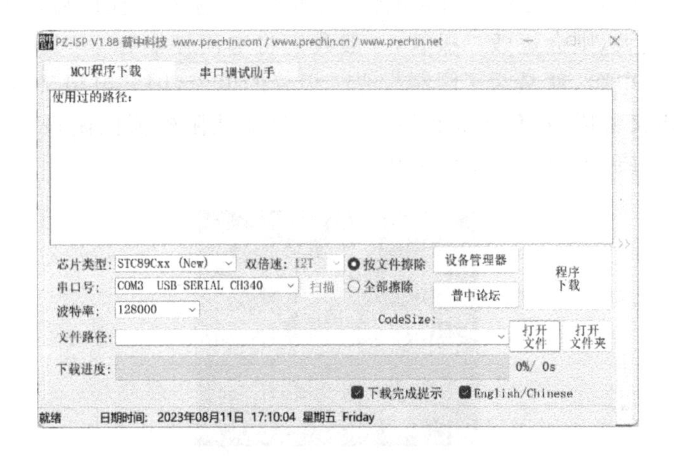

图 4.21　普中自动下载软件

(5) 单击【程序下载】按钮，将 HEX 文件写入单片机。下载成功时，会有声音提示，同时也有“恭喜文件下载完毕!”提示，如图 4.22 所示。

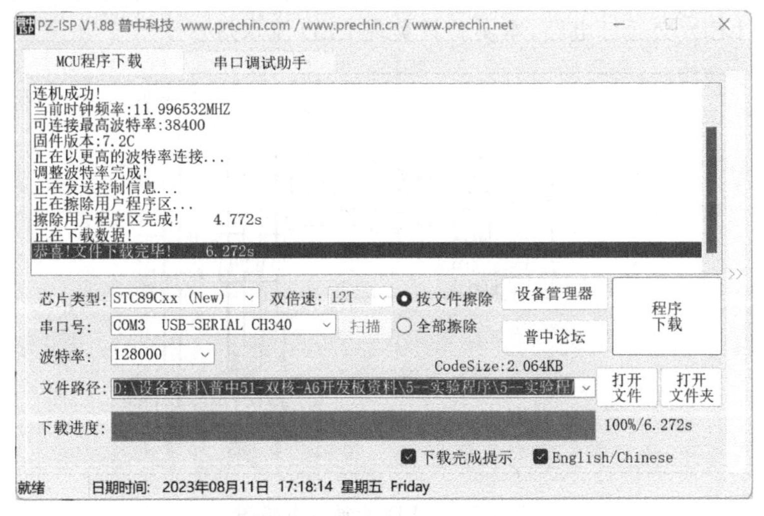

图 4.22　普中自动下载软件导向图

4.2 LED 流水灯实验

一、实验目的

(1) 了解 51 单片机的引脚结构。

(2) 学习 IO 的基本用法。

二、实验原理

1. LED 简介

LED 即发光二极管,它具有单向导电性,通过 5 mA 左右电流即可发光,电流越大,其亮度越强,但若电流过大,则会烧毁二极管,一般我们将电流控制在 3~20 mA。通常,我们会在 LED 旁串联一个电阻,就是为了限制发光二极管的电流,因此电阻又被称为“限流电阻”。发光二极管的正极又称阳极,负极又称阴极,电流只能从阳极流向阴极。图 4.23 所示为直插式发光二极管,长脚为阳极,短脚为阴极。

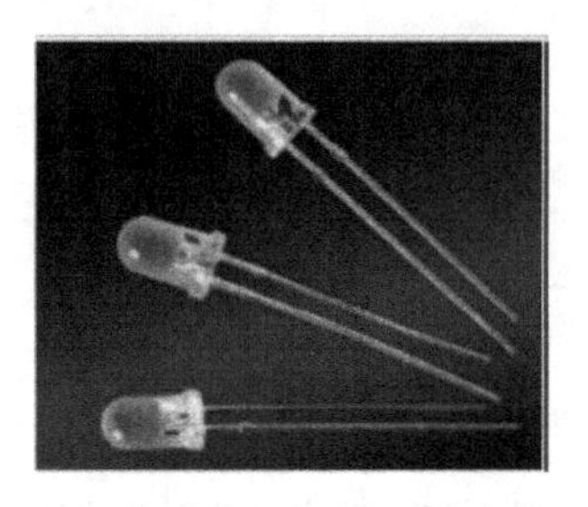

图 4.23 直插式发光二极管示意图

2. 硬件设计

开发板上有 10 个 LED(D1~D10)连接着 J18 和 J19 端子,如图 4.24 所示,在开发板中该电路名称为 LED/交通灯电路,本实验只实现 LED 流水灯。

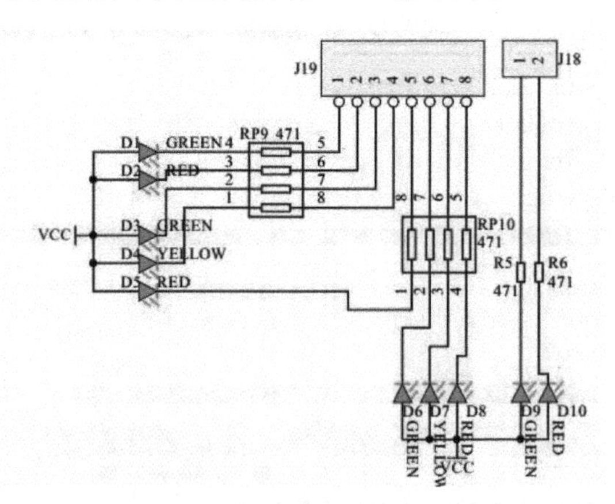

图 4.24 LED/交通灯电路图

LED 采用共阳的接法，即所有 LED 阳极引脚接电源 VCC，阴极引脚通过一个 470 Ω 的限流电阻接到 J18 和 J19 端子上。因此，要让 LED 发光，即对应的阴极引脚就应该为低电平，若为高电平则熄灭。

三、实验步骤

（1）实验任务一：LED 点亮。使用一根杜邦线将单片机的 P0.1 引脚与 J19 端子的第 1 脚连接，硬件接线图如图 4.25 所示。

图 4.25　点亮 D1 指示灯连接图

新建 Keil 工程，按照第 2 章所讲的方法，新建 C 语言代码并加入工程，如图 4.26 所示。

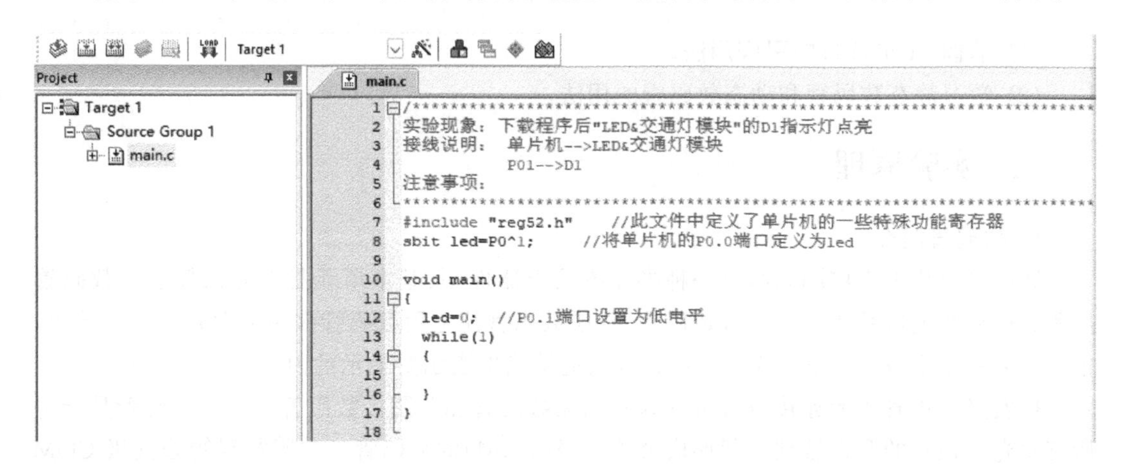

图 4.26　点亮 D1 Keil 工程代码图

按照 4.1.3 所描述的方法，将 Keil 工程生成的 HEX 文件成功写入单片机后，即可看到点亮了一个 LED 灯。

(2) 实验任务二：如图 4.27 所示，LED 流水灯，即 P1 口控制循环点亮 D1～D8 灯(使用排线连线：J20 即 P1 连接到 J19 端子，注意排线的方向)。

图 4.27　接线示意图及工程代码图

四、作业

改写代码，使用左移命令完成实验任务二的代码编写，并观察实验现象。

4.3　数码管(静态和动态)实验

一、实验目的

(1) 掌握 51 单片机的引脚用法。

(2) 学习静态数码管和动态数码管的用法。

二、实验原理

1. 数码管简介

数码管也称 LED 数码管，是一种半导体发光器件，其基本单元是发光二极管。数码管按段数可分为七段数码管和八段数码管，八段数码管比七段数码管多一个发光二极管单元，也就是多一个小数点(DP)，这个小数点可以更精确地表示要显示的内容。

按发光二极管单元连接方式可分为共阳极数码管和共阴极数码管。共阳数码管是指将所有发光二极管的阳极接到一起形成公共阳极(COM)的数码管。共阳数码管公共极 COM 接到+5 V，当某一字段发光二极管的阴极为低电平时，相应字段就点亮，当某一字段的阴极为高电平时，相应字段就不亮。共阴数码管是指将所有发光二极管的阴极接到一起形成公共阴极(COM)的数码管。共阴数码管公共极 COM 接到地线 GND 上，当某一字段发光二极管的阳极为高电平时，相应字段就点亮，当某一字段的阳极为低电平时，相应字段就不亮。

数码管内部结构图如图 4.28 所示，开发板上的静态数码管是共阳数码管，即 8 个 LED 的阳极并联到公共端引出，阴极分别引出 A、B、C、D、E、F、G、DP。如果要让共阳数码管显示数字 0，那么就要在阴极的 A、B、C、D、E、F 段给低电平，G 段熄灭则给高电平。

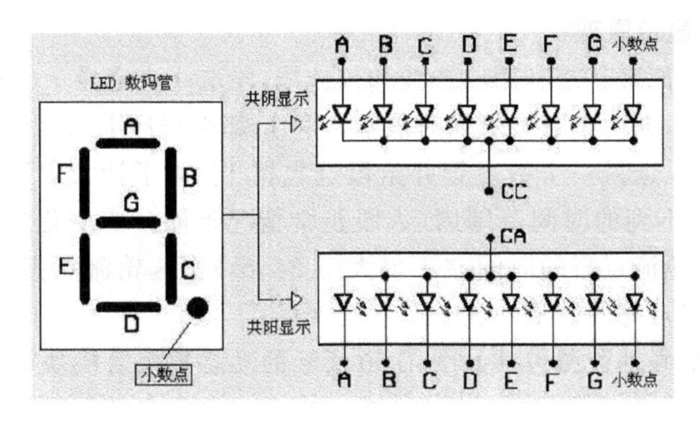

图 4.28　数码管内部结构图

共阳极数码管的 0～F 段码数据见表 4.2。

表 4.2　共阳极数码管段码数据表

段码	0×C0	0×F9	0×A4	0×B0	0×99	0×92	0×82	0×F8
数字	0	1	2	3	4	5	6	7
段码	0×80	0×90	0×88	0×83	0×C6	0×A1	0×86	0×8E
数字	8	9	A	B	C	D	E	F

2. 静态数码管的显示原理

静态显示的特点是每个数码管必须接 8 位数据线来获取字形码。当送入一次字形码后，显示字形可一直保持，直到送入新字形码为止。这种方法的优点是占用 CPU 时间少，显示便于监测和控制；缺点是硬件电路比较复杂，成本较高，例如使用 4 个静态数码管，那么就得 32 个 IO 来控制。从图 4.29 中可以看出，静态数码管的控制引脚是连接到 J8 端子，共阳数码管加入了限流电阻(470 Ω)保护数码管。

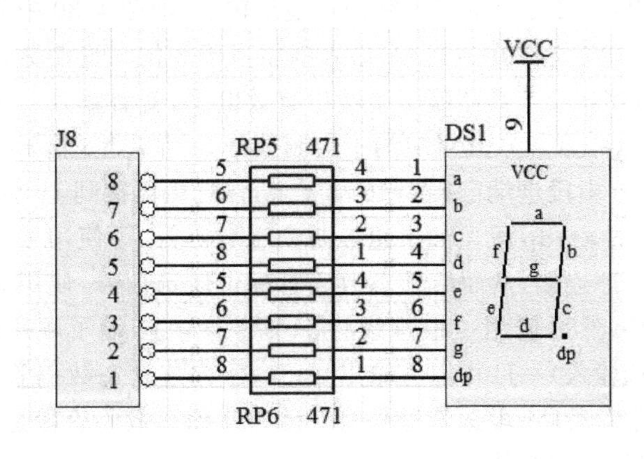

图 4.29　开发板静态数码管模块电路图

本实验所要实现的功能是：控制开发板上的共阳极静态数码管，显示数字 0。根据表 4.2 可知，共阳数码管的数字 0 段码为 0×C0，只需要将字形码 0×C0 通过单片机的某个 IO 端口，一次性传送给数码管就能显示数字 0。

3. 动态数码管显示原理

动态数码管显示原理就是利用段选线和位选线，段选线决定显示的数据，位选线决定哪个数码管显示。例如，在两个数码管同时展示 0 和 1，那么程序上可以先位选一个数码管并给段选数据 0，然后位选另一个数码管并给段选数据 1。为了让人眼同时看到 0 和 1 的显示，可以在人眼观察不到的时间范围内（人眼正常情况下能分辨变化超过 24 ms 间隔的运动，因此两个数码管轮流点亮的时间差不得大于 24 ms）快速轮流点亮两个数码管。此时，人眼看起来就是同时点亮的效果。

本实验使用到的硬件资源包括如图 4.30 所示的动态数码管模块电路（左）和 74HC138 电路（右）。

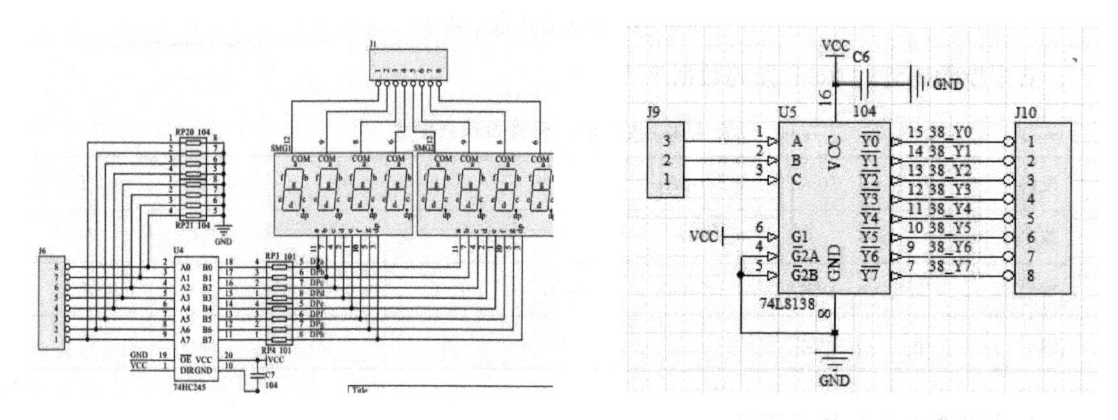

图 4.30　动态数码管模块电路图和 74HC138 电路图

图 4.30 中 74HC245 的作用：单片机引脚的拉电流能力一般在 20 mA 左右，无法直接点亮数码管、显示屏等大功率显示器件，所以用该芯片来增强单片机引脚的驱动能力。OE 使能引脚低电平，DIR 引脚高电平时，传输方向是 A 入 B 出，如果该芯片的输入为低电平，输出即为低；如果该芯片输入为高电平，输出即为高。

74HC138 的作用：可接受 3 位二进制加权地址输入（即图 4.30 中的 A、B、C），并当使能时提供 8 个输出（Y0～Y7）。A0、A1、A2 输入就相当于 3 位二进制数，A0 是低位，A1 是次高位，A2 是高位。而 Y0～Y7 具体哪一个输出有效电平，就看输入二进制对应的十进制数值。例如，输入是 101（C、B、A），其对应的十进制数是 5，所以 Y5 输出有效电平（低电平）。

可以看出，图 4.30 中段选端已接到 J6 端子上，位选端已接到 J1 端子上，74HC245 芯片负责驱动共阴数码管的 a～dp 段。如果想控制动态数码管，可使用 8 根一组的排线将单片机的引脚与 J6 端子顺序连接，从而给动态数码管提供段选信号，使用 3 根杜邦线将单片机的引脚与 J9 端子连接，然后使用一根排线将 J10 端子与 J1 端子顺序连接，即按照单片机（位选信号）—J9（位选输入）—J10（位选输出）—J1（已内连动态数码管）的顺序给动态数码管提供位选信号；按照单片机（段选信号）—J6（已内连动态数码管段选）的方法给动态数码管提供段选也就是显示的数据值。

三、实验步骤

(1) 实验任务一：控制静态数码管显示数字 0，即让 P1 组端口输出一个数字 0 的段码 0×C0，接线如图 4.31 所示(J20 接 J8)。

图 4.31　静态数码管连接图

新建工程并在 main.c 源文件内进行编程，main.c 内代码如下。

```
#include "reg52.h"
typedef unsigned int u16;
typedef unsigned char u8;
u8 code smgduan[17] = {0xc0,0xf9,0xa4,0xb0,0x99,0x92,0x82,0xf8,0x80,0x90,
0x88,0x83,0xc6,0xa1,0x86,0x8e};      // 共阳极数码管 0~F 的段码
void main()
{
P1 = smgduan[0];
while(1);
}
```

(2) 实验任务二：控制动态数码管从左到右显示数字 1～8。按照图 4.32 所示接线，J20 接 J6，P27 接 J9(A)，P26 接 J9(B)，P25 接 J9(C)。

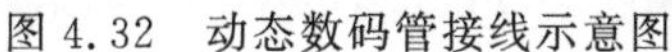

图 4.32　动态数码管接线示意图

新建工程并在 main.c 源文件内进行编程，main.c 内代码如下。

```
#include "reg52.h"
typedef unsigned int u16;
typedef unsigned char u8;
sbit LSA = P2^7;
sbit LSB = P2^6;
sbit LSC = P2^5;
u8 code smgduan[17] = {0x3f,0x06,0x5b,0x4f,0x66,0x6d,0x7d,0x07,
0x7f,0x6f,0x77,0x7c,0x39,0x5e,0x79,0x71};     //显示 0~F 的值
void delay(u16 i)
{
while(i--);
}
void DigDisplay()
{
u8 i;
for(i = 0;i<8;i++)
{
switch(i)                                     //位选,选择点亮的数码管,
{
case(0):
LSA = 0;LSB = 0;LSC = 0; break;               //显示第 0 位数码管
case(1):
LSA = 1;LSB = 0;LSC = 0; break;               //显示第 1 位数码管
case(2):
LSA = 0;LSB = 1;LSC = 0; break;               //显示第 2 位数码管
case(3):
LSA = 1;LSB = 1;LSC = 0; break;               //显示第 3 位数码管
case(4):
LSA = 0;LSB = 0;LSC = 1; break;               //显示第 4 位数码管
case(5):
LSA = 1;LSB = 0;LSC = 1; break;               //显示第 5 位数码管
case(6):
LSA = 0;LSB = 1;LSC = 1; break;               //显示第 6 位数码管
case(7):
LSA = 1;LSB = 1;LSC = 1; break;               //显示第 7 位数码管
}
P1 = smgduan[i + 1];                          //发送段码
delay(100);                                   //延时一段时间扫描
P1 = 0x00;                                    //消隐
}
}
```

```
void main()
{
while(1)
{
DigDisplay();                    //数码管显示
}
}
```

(3) 实验任务三：设计一个 1～9 数字循环显示器(提示：使用 for 循环语句调用数码管段码数组数据)，按照图 4.33 所示接线(J20 接 J8)。

图 4.33　数字循环显示器接线示意图

新建工程并在 main.c 源文件内进行编程，main.c 内代码如下。

```
#include "reg52.h"  //此文件中定义了单片机的一些特殊功能寄存器
typedef unsigned int u16;              //对数据类型进行声明定义
typedef unsigned char u8;
u8 code smgduan[17] = {0xc0,0xf9,0xa4,0xb0,0x99,0x92,0x82,0xf8,0x80,0x90,
0x88,0x83,0xc6,0xa1,0x86,0x8e};        //段码 0～F
void delay(u16 j)
{
while(j--);
}

void main()
{
    u8 i;
    while(1)
    {
        for(i = 1;i < 10;i ++ )
        {
```

```
            P1 = smgduan[i];
            delay(50000);        //450ms
        }
    }
}
```

四、作业

改写实验任务二的代码在动态数码管上显示学生的学号,并观察实验现象。

4.4 中断(外部中断、定时器中断)实验

一、实验目的

(1) 掌握51单片机的中断用法。
(2) 学习外部中断和定时器中断的用法。

二、实验原理

1. 中断概念

中断是指在突发事件发生时,暂停正在进行的工作,转去处理突发事件,处理完突然事件后,再返回处理被暂停的工作。以下为中断相关的五个重要概念。

中断源:中断管理系统能够处理的突发事件。

中断请求:中断源向CPU提出的处理请求。

中断函数:针对中断源和中断请求提供的服务函数。

中断嵌套:在中断服务过程中执行更高级别的中断服务。

中断响应过程:由中断管理系统处理突发事件的过程。

51单片机内部有5个中断源,其内部结构框图如图4.34所示。

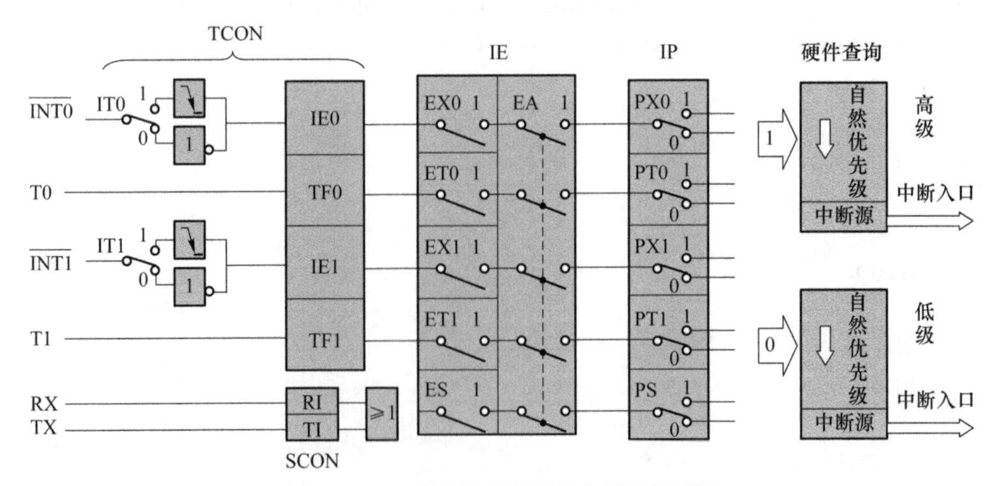

图4.34 51单片机中断源的内部结构框图

(1) INT0 行对应 P3.2 口的附加功能,可由 IT0(TCON.0)选择低电平有效还是下降沿有效。当 CPU 检测到 P3.2 引脚上出现有效的中断信号时,中断标志 IE0(TCON.1)自动置 1,向 CPU 申请中断。

(2) INT1 行对应 P3.3 口的附加功能,可由 IT1(TCON.2)选择低电平有效还是下降沿有效。当 CPU 检测到 P3.3 引脚上出现有效的中断信号时,中断标志 IE1(TCON.3)自动置 1,向 CPU 申请中断。

(3) T0 行对应 P3.4 口的附加功能,TF0(TCON.5),片内定时/计数器 T0 溢出中断请求标志。当定时/计数器 T0 发生溢出时,自动置位 TF0,并向 CPU 申请中断。

(4) T1 行对应 P3.5 口的附加功能,TF1(TCON.7),片内定时/计数器 T1 溢出中断请求标志。当定时/计数器 T1 发生溢出时,自动置位 TF1,并向 CPU 申请中断。

(5) RXD 和 TXD 行分别对应 P3.0 和 P3.1 口的附加功能。RI(SCON.0)和 TI(SCON.1)为串行口中断请求标志。当串行口接收完一帧串行数据时置位 RI,当串行口发送完一帧串行数据时置位 TI,向 CPU 申请中断。

2. 中断号

中断号见表 4.3。

表 4.3　中断号表

中断源	中断标志	中断原因	中断号
外部中断 0(INT0)	IE0	P3.2 引脚低电平或下降沿信号	0
定时/计数器 0(T0)	TF0	定时/计数器 0 计数溢出	1
外部中断 1(INT1)	IE1	P3.3 引脚低电平或下降沿信号	2
定时/计数器 1(T1)	TF1	定时/计数器 1 计数溢出	3
串行口	RI/TI	串行通信完成一帧数据的发送或接收	4

3. 中断相关的特殊功能寄存器

(1) TCON 中断请求标志见表 4.4。

表 4.4　TCON 表

位	7	6	5	4	3	2	1	0
字节地址 88H	TF1	TR1	TF0	TR0	IE1	IT1	IE0	IT0

IT0(位 0),外部中断 0 触发方式控制位。当 IT0=0 时,为电平触发方式;当 IT0=1 时,为边沿触发方式(下降沿有效)。

IE0(位 1),外部中断 0 中断请求标志位。

IT1(位 2),外部中断 1 触发方式控制位,用法同 IT0。

IE1(位 3),外部中断 1 中断请求标志位。

TR0(位 4),定时器 0 运行控制位,用于启动 T0。

TF0(位 5),定时/计数器 T0 溢出中断请求标志位。

TR1(位 6),定时器 1 运行控制位,用于启动 T1。

TF1(位7),定时/计数器T1溢出中断请求标志位。

(2) IE中断允许控制见表4.5。

表4.5 IE表

位	7	6	5	4	3	2	1	0
字节地址A8H	EA	—	—	ES	ET1	EX1	ET0	EX0

EX0(位0),外部中断0允许位。

ET0(位1),定时/计数器T0中断允许位。

EX1(位2),外部中断1允许位。

ET1(位3),定时/计数器T1中断允许位。

ES(位4),串行口中断允许位。

EA (位7),CPU中断允许位。

(3) 中断优先级。当中断申请不止一个时,由中断优先级确定哪个中断先执行,中断系统硬件确定的默认优先级见表4.6。

表4.6 中断优先级表

中断源	中断标志	优先级顺序
外部中断0(INT0)	IE0	↓
定时/计数器0(T0)	TF0	
外部中断1(INT1)	IE1	
定时/计数器1(T1)	TF1	
串行口	RI/TI	

4. 独立按键原理图

本次实验要使用开发板的独立按键模块,根据图4.35所示的原理图可知,不按下按键时,对应接线上电平为高电平;按下按键后,对应接线上为低电平。

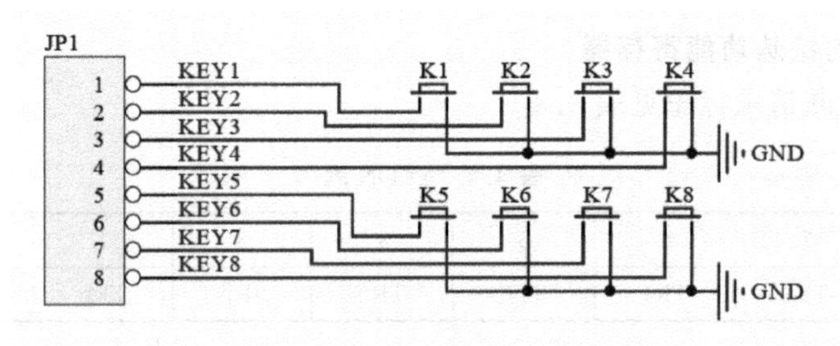

图4.35 独立按键模块原理图

5. TMOD定时/计数器工作方式寄存器

当使用定时/计数器功能时,需要对此寄存器进行配置。其中,低4位用于T0配置,高4位用于T1配置。见表4.7。

表4.7 TMOD表

位	7	6	5	4	3	2	1	0
字节地址89H	GATE	$C/\overline{T}$	M1	M0	GATE	$C/\overline{T}$	M1	M0

GATE 是门控位，GATE＝0 时，用于控制定时器的启动是否受外部中断源信号的影响。如果 TCON 中的 TR0 或 TR1 为 1，就可以启动定时/计数器工作。GATE＝1 时，要用软件使 TR0 或 TR1 为 1，同时外部中断引脚 INT0/1 也为高电平时，才能启动定时/计数器工作。

$C/\overline{T}$：定时/计数模式选择位。该值为 0 时是定时模式，该值为 1 时是计数模式。

M1M0：工作方式设置位。定时/计数器有以下四种工作方式。

- 00 时为方式 0，13 位定时/计数器。
- 01 时为方式 1，16 位定时/计数器。
- 10 时为方式 2，8 位自动重装定时/计数器。
- 11 时为方式 3，T0 分为两个独立的 8 位定时/计数器；T1 此方式停止计数。

三、实验步骤

(1) 实验任务一：外部中断，使用独立按键 K1 控制 LED 亮灭。按照图 4.36 所示的接线方式，K1 连接外部中断 0(P3.2)引脚，运行程序后，当按下按键 K1 后，指示灯 D1 点亮，再次按下则熄灭，如此循环。

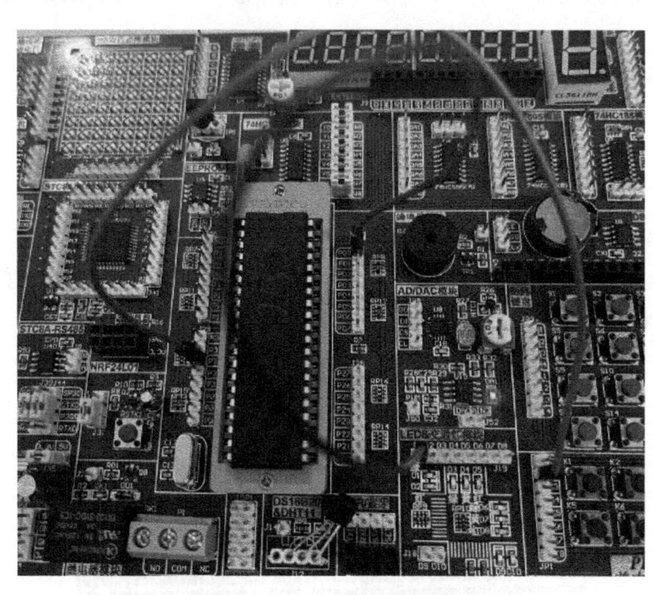

图 4.36　实验任务一接线示意图

新建工程并在 main.c 源文件内进行编程，main.c 内代码如下。

```
#include "reg52.h"              //此文件中定义了单片机的一些特殊功能寄存器
typedef unsigned int u16;       //对数据类型进行声明定义
typedef unsigned char u8;
sbit k1 = P3^2;                 //定义按键 K1
sbit led = P0^0;                //定义 P20 口是 led
void delay(u16 i)
```

```
{
    while(i--);
}
void Int0Init()
{
    //设置 INT0
    IT0 = 1;                    //跳变沿出发方式(下降沿)
    EX0 = 1;                    //打开 INT0 的中断允许。
    EA = 1;                     //打开总中断
}
void main()
{
    Int0Init();                 //设置外部中断 0
    while(1);
}

void Int0() interrupt 0         //外部中断 0 的中断函数
{
    delay(1000);                //延时消抖
    if(k1 == 0)
    {
        led = ~led;
    }
```

(2) 实验任务二：定时器中断，按照如图 4.37 所示的接线方式(P20 接 D1 灯)可以看到指示灯 D1 间隔 1 秒闪烁。

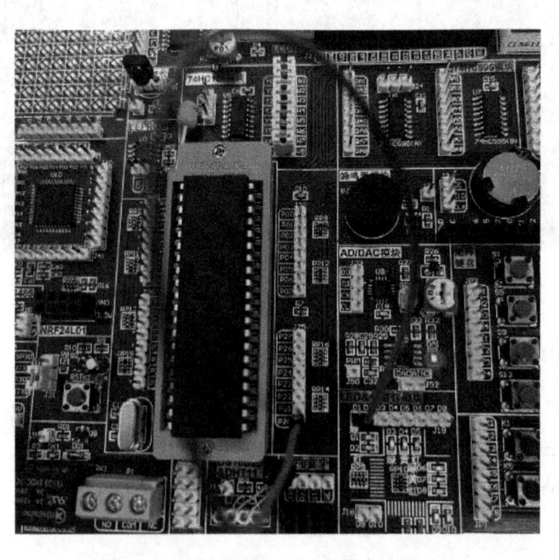

图 4.37　实验任务二接线示意图

新建工程并在 main.c 源文件内进行编程。因为此实验要使用定时器，所以在 Keil 工程中设置的频率为 12 MHz。如图 4.38 所示。51 单片机内部时钟频率是外部时钟的 12 分频，那么 12 MHz 晶振单片机内部的时钟频率就是 12/12 MHz，机器周期＝1/1 M＝1 μs。如果我们想定时 1 ms 的初值是多少呢？1 ms/1 μs＝1 000，也就是要计 1 000 个，初值＝65 535－1 000＋1＝64 536＝FC18H，所以初值即为 THx＝0×FC，TLx＝0×18。

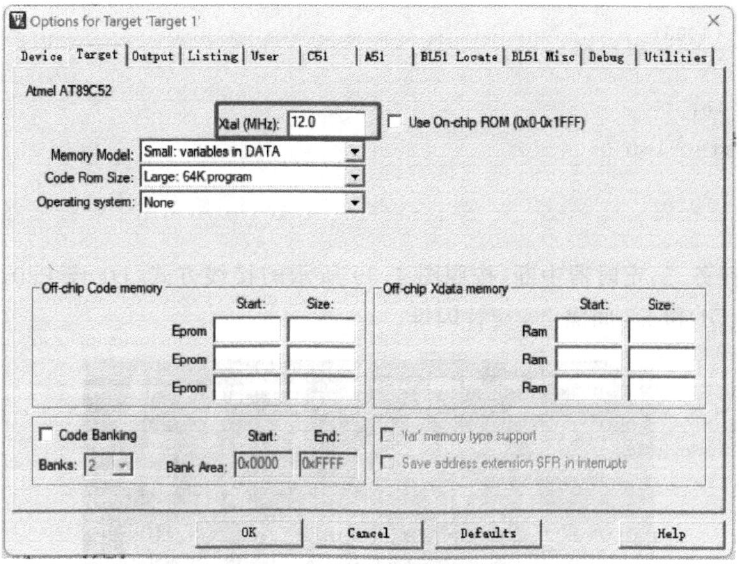

图 4.38　Keil 工程的频率设置图

main.c 内代码如下。

```
#include "reg52.h"
typedef unsigned int u16;
typedef unsigned char u8;
sbit led = P2^0;
void Timer0Init()
{
    TMOD = 0X01;        //选择为定时器 0 模式,工作方式 1,仅用 TR0 打开启动。
    TH0 = 0XFC;         //给定时器赋初值,定时 1 ms
    TL0 = 0X18;
    ET0 = 1;            //打开定时器 0 中断允许
    EA = 1;             //打开总中断
    TR0 = 1;            //打开定时器
}
void main()
{
    Timer0Init();       //定时器 0 初始化
    while(1);
}
```

```
void Timer0() interrupt 1
{
    static u16 i;
    TH0 = 0XFC;            //给定时器赋初值,定时 1 ms
    TL0 = 0X18;
    i++;
    if(i==1000)
    {
        i=0;
        led=~led;
    }
}
```

(3) 实验任务三:定时器中断,按照图 4.39 所示的接线方式(D1 连 P20,D8 连 P21)可以看到指示灯 D1 和 D8 间隔 2 s 交替闪烁。

图 4.39　实验任务三接线示意图

新建工程并在 main.c 源文件内进行编程,main.c 内代码如下。

```
#include "reg52.h"          //此文件中定义了单片机的一些特殊功能寄存器
typedef unsigned int u16;   //对数据类型进行声明定义
typedef unsigned char u8;
sbit led1 = P2^0;           //定义 P20 口是 led1
sbit led2 = P2^1;           //定义 P21 口是 led2
void Timer0Init()
{
    TMOD = 0X01;            //选择为定时器 0 模式,工作方式 1,仅用 TR0 打开启动。
    TH0 = 0XFC;             //给定时器赋初值,定时 1 ms
    TL0 = 0X18;
    ET0 = 1;                //打开定时器 0 中断允许
    EA = 1;                 //打开总中断
```

```
    TR0 = 1;               //打开定时器
}
void main()
{
    Timer0Init();          //定时器 0 初始化
    led1 = 0;
    led2 = 1;
    while(1);
}
void Timer0() interrupt 1
{
    static u16 i;
    TH0 = 0XFC;            //给定时器赋初值,定时 1 ms
    TL0 = 0X18;
    i++;
    if(i == 2000)
    {
        i = 0;
        led1 = ~led1;
        led2 = ~led2;
    }
}
```

四、作业

使用定时器 1 和数码管设计一个数字时钟,并观察实验现象。

4.5　串口通信实验

一、实验目的

(1) 了解 51 单片机的引脚结构。

(2) 学习串口通信的用法。

二、实验原理

串行通信是指使用一条数据线,将数据一位一位地依次传输,适用于计算机与计算机、计算机与外设之间的通信。

1. 接口标准

串口通信的接口标准有很多,如 RS-232C、RS-232、RS-422A、RS-485 等。常用的是

RS-232和RS-485。RS-232C是EIA(美国电子工业协会)1969年修订的串口通信标准。RS-232C定义了数据终端设备(DTE)与数据通信设备(DCE)之间的物理接口标准。RS-232C接口规定使用25针连接器,简称DB25,还有一种9针的非标准连接器接口,简称DB9。

串口通信大多是DB9接口。DB25和DB9接头有公头和母头。9针串口线的外观图如图4.40所示,PC的串口DB9为公头,单片机上的串口DB9为母头,可以通过一根串口线将单片机和PC相连。

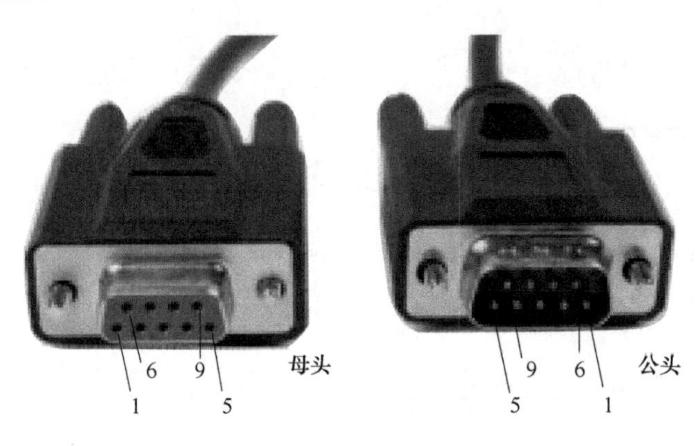

图4.40　9针串口线的外观图

2. 通信协议

RS232的通信协议通常遵循“96-N-8-1”格式。“96”表示的是通信波特率为9600,通信的两个设备要保持一致的波特率;“N”表示无校验位;“8”表示数据位数为8位;“1”表示1位停止位。

3. 串口控制寄存器SCON

SCON寄存器为串行口控制寄存器,用于控制串行通信的方式选择、接收和发送,指示串口的状态。

表4.8　SCON表

位	7	6	5	4	3	2	1	0
字节地址98H	SM0	SM1	SM2	REN	TB8	RB8	TI	RI

SM2:多机通信控制位,主要用于方式2和方式3。当SM2=1时可以利用收到的RB8来控制是否接收信息(RB8=0时不激活RI,收到的信息丢弃;RB8=1时收到的数据进入SBUF,并激活RI,接收信息完成)。当SM2=0时,不论收到的RB8为0或1,均可以使收到的数据进入SBUF,并激活RI。

REN:允许串行接收位。REN=1,则启动串行口接收数据;REN=0,则禁止接收。

TB8:在方式2或方式3中,TB8用于发送数据的第9位,此时用作数据的奇偶校验位,如果在多机通信中,则作为地址帧/数据帧的标志位。

RB8:在方式2或方式3中,是接收到数据的第9位,此时作为奇偶校验位或地址帧/数据帧的标志位。在方式1时,若SM2=0,则RB8是接收到的停止位。

TI:发送中断标志位。在方式0中,当串行发送第8位数据结束时,或在其他方式中,串行发送停止位的开始时，由内部硬件使 TI 置 1，向 CPU 发中断申请。在中断服务程序中，必须用软件将其清 0，取消此中断申请。

RI：接收中断标志位。在方式 0 中，当串行接收第 8 位数据结束时，或在其他方式中，串行接收停止位的中间时，由内部硬件使 RI 置 1，向 CPU 发中断申请。在中断服务程序中，必须用软件将其清 0，取消此中断申请。

4. 电源控制寄存器 PCON

PCON 是电源控制器，本书中主要用于设置串行通信的波特率是否加倍。第 7 位为 SMOD，当 SMOD=1 时，波特率加倍；当 SMOD=0 时，波特率不加倍。

表 4.9　PCON 表

位	7	6	5	4	3	2	1	0
字节地址 97H	SMOD							

5. USB 转串口

从图 4.41 串口通信原理图中可以看出，51 单片机的串口通过 CH340 芯片与 PC 的 USB 口进行连接，开发板的电源线不仅可以实现程序的烧入，还可实现串口通信功能。

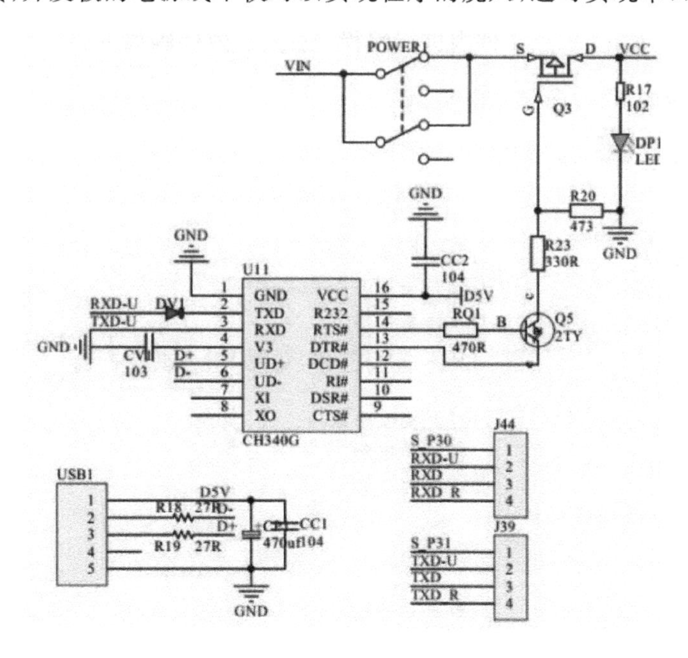

图 4.41　串口通信原理图

三、实验步骤

(1) 实验任务一：通过串口实现 51 单片机与 PC 通信，51 单片机的串口收到 PC 发来的数据后，原封不动地返回给 PC 显示。

如图 4.42 所示，运行单片机的程序后，打开串口调试助手软件(可在网上下载)，确定开发板 CH340 所对应的串口号，设置波特率等参数。实验内容为：在串口调试助手软件的输入字符输入框中输入所要发送的数据，单击【发送】键后，信息通过串口发送到单片机后，单片机又把这个信息发送给串口调试助手，可以看到串口调试助手接收区域会显示单片机发过来的内容(需要注意的是，图 4.42 中的 J39J44 要使用短接帽让 URXD 连 P31T，UTXD 连 P30R)。

图 4.42　接线示意图

新建工程并在 main.c 源文件内进行编程，main.c 内代码如下。

```
#include "reg52.h"
typedef unsigned int u16;
typedef unsigned char u8;
void UsInit()
{
    SCON = 0X50;              //工作方式 1
    TMOD = 0X20;              //工作方式 2
    PCON = 0X80;              //波特率加倍
    TH1 = 0XF3;               //计数器初始值设置，注意本例程的波特率是 4800
    TL1 = 0XF3;
    ES = 1;                   //打开接收中断
    EA = 1;                   //打开总中断
    TR1 = 1;                  //打开计数器
}
void main()
{
    UsInit();                 //串口初始化
    while(1);
}
void Usart() interrupt 4
{
    u8 receiveData;
    receiveData = SBUF;       //出去接收到的数据
    RI = 0;                   //清除接收中断标志位
    SBUF = receiveData;       //将接收到的数据放入到发送寄存器
    while(! TI);              //等待发送数据完成
    TI = 0;                   //清除发送完成标志位
}
```

4.6　直流电机实验

一、实验目的

(1) 了解直流电机的原理。
(2) 掌握直流电机的用法。

二、实验原理

1. 直流电机

直流电机是指能将直流电能转换成机械能的旋转电机，直流电机的结构应由定子和转子两大部分组成。直流电机运行时静止不动的部分称为定子，由机座、主磁极、换向极、端盖、轴承和电刷装置等组成，作用是产生磁场。直流电机运行时转动的部分称为转子，其主要作用是产生电磁转矩和感应电动势。直流电机没有正负之分，在两端加上直流电就能使用。开发板配置的 5 V 直流电机如图 4.43 所示。

图 4.43　直流电机实物图

2. 直流电机驱动

51 单片机是无法直接带动直流电机的，所以要借助直流电机驱动电路。ULN2003 是大电流驱动阵列，多用于单片机、智能仪表等控制电路中，可直接驱动继电器等负载。输入 5VTTL 电平，输出可达 500 mA/50 V。开发板上的 ULN2003 驱动模块电路图如图 4.43 所示。

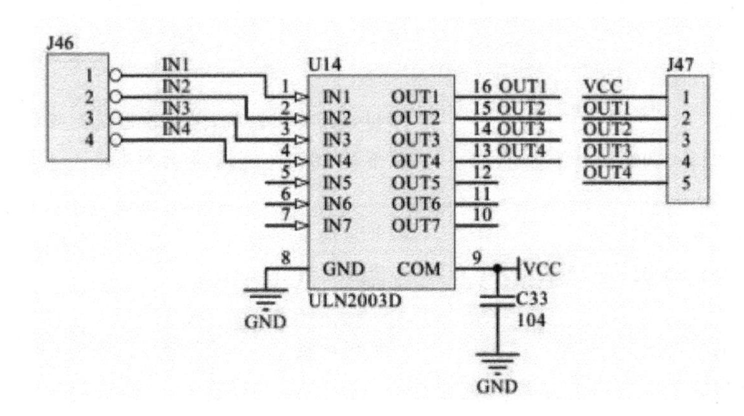

图 4.44　ULN2003 驱动模块电路图

从 J46 端子输入芯片的，芯片的输出由 J47 端子引出。J46 输入对应 J47 输出。

三、实验步骤

(1) 实验任务一：直流电机工作约 5 s 后停止。按照如图 4.45 所示的接线方式，P00 连接 J46 的 IN1，J47 的 01 和 5 V 分别接到直流电机的两脚，运行程序后可以看到直流电机旋转约 5 s 后停止。

图 4.45　直流电机接线示意图

新建工程并在 main.c 源文件内进行编程，main.c 内代码如下。

```
#include "reg52.h"
#include<intrins.h>
typedef unsigned int u16;
typedef unsigned char u8;
sbit moto=P0^0;
void delay(u16 i)
{
    while(i--);
}
void main()
{
    u8 i;
    moto=0;                    //初始时关闭电机，对应输出就为高电平，电机不工作。
    for(i=0;i<100;i++)         //循环 100 次，也就是大约 5s
    {
        moto=1;                //开启电机
        delay(5000);           //大约延时 50 ms
    }
    moto=0;                    //关闭电机
    while(1)
    {
    }
}
```

(2) 实验任务二：利用两个按键(中断法)，一个按键按下后启动直流电机，另一个按键按下后停止直流电机。按照图 4.46 所示的接线方式，P00 连接 J46 的 IN1，J47 的 01 和 5 V 分别接到直流电机的两脚，按键 1 接到 P32，按键 2 接到 P33。

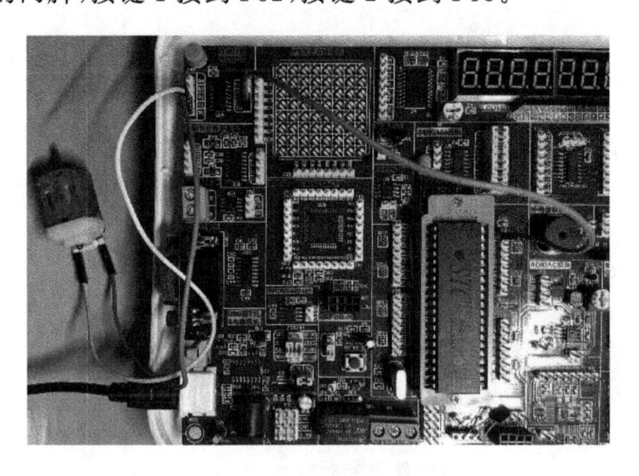

图 4.46　两个按键接线示意图

新建工程并在 main.c 源文件内进行编程，main.c 内代码如下。

```
#include "reg52.h"              //此文件中定义了单片机的一些特殊功能寄存器
#include<intrins.h>             //因为要用到左右移函数，所以加入这个头文件
typedef unsigned int u16;       //对数据类型进行声明定义
typedef unsigned char u8;
sbit k1 = P3^2;                 //按键 K1
sbit k2 = P3^3;                 //按键 K2
sbit moto = P0^0;
void delay(u16 i)
{
    while(i--);
}
void IntInit()
{
    IT0 = 1;                    //下降沿触发
    EX0 = 1;                    //打开 INT0 中断允许
    IT1 = 1;                    //下降沿触发
    EX1 = 1;                    //打开 INT1 中断允许
    EA = 1;                     //打开总中断
}
void main()
{
    moto = 0;                   //关闭电机
    IntInit();                  //外部中断 0 和 1 初始化
    while(1);
}
```

```
void Int0() interrupt 0//INT0
{
    delay(1000);                //防抖
    if(k1 == 0)
    {
        moto = 1;               //开启电机
        while(! k1);            //松开按键后功能有效
    }
}
void Int1() interrupt 2         //INT1
{
    delay(1000);                //防抖
    while(k2 == 0)
    {
        moto = 0;               //停止电机
        while(! k2);            //松开按键后功能有效
    }
}
```

4.7 步进电机实验

一、实验目的

(1) 了解步进电机的原理。

(2) 掌握步进电机的用法。

二、实验原理

步进电机由转子和定子绕组组成,如果对步进电机定子的各相绕组以适当的顺序进行通电,步进电机就可以转动起来。其原理是每输入一个脉冲信号,转子就转动一定角度,输出的角位移或线位移与输入的脉冲数成正比,转速与脉冲频率成正比,步进电机又称脉冲电动机。

步进电机的技术指标如下。

(1) 相数:电机内部的线圈组数。四相步进电机就是有 4 组线圈。

(2) 步距角:电机每收到一个步进脉冲信号所转动的角度。

(3) 拍数:完成一个磁场周期性变化所需的脉冲数或导电状态,或电机转过一个步距角所需的脉冲数。

1. 工作原理

(1) 控制原理。步进电机有三线式、四线式、五线式和六线式,但其控制方式均相同,都要以脉冲信号电流来驱动。步进电机的正、反转由励磁脉冲产生的顺序来控制。例如,六线式四相步进电机,有 4 条励磁信号引线 A、$\overline{A}$、B、$\overline{B}$,通过控制这 4 条引线上励磁脉冲产生的时刻,即可控制步进电机的转动。每送出一个脉冲信号,就能使步进电机走一步。只要不断送出脉冲信号,步进电机就能实现连续转动。步进电机等效电路如图 4.47 所示。

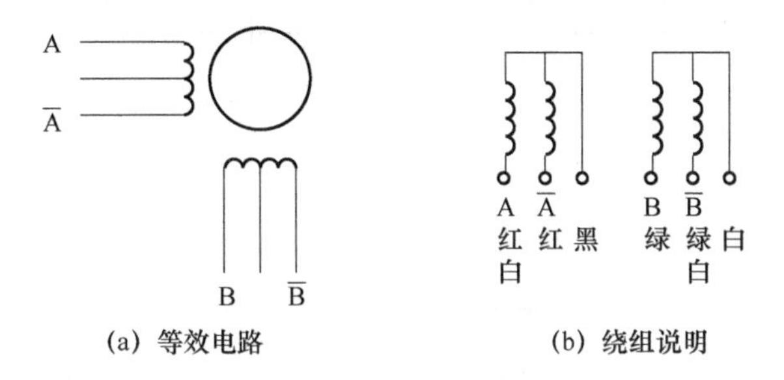

图 4.47　步进电机等效电路图

(2) 励磁方式。步进电机的励磁方式分为全步励磁和半步励磁。全步励磁分为一相励磁和二相励磁,半步励磁又称为一二相励磁。假设每旋转一圈需要 200 个脉冲信号来励磁,可以计算出每个励磁信号能使步进电机前进的度数:360°/200=1.8°。

① 一相励磁:在每个瞬间,步进电机只有一个线圈导通,步进电机旋转 1.8 度,这是最简单的一种励磁方式。其特点是:精确度高、耗能小;输出转矩最小,振动较大。如果要通过一项励磁使步进电机正转,对应的励磁顺序见表 4.10(表中的 1 和 0 表示送给电机的高电平和低电平)。如果想让步进电机反转,只需要反顺序传送励磁信号。

表 4.10　一相励磁顺序表

Step	A	B	$\overline{A}$	$\overline{B}$
1	1	0	0	0
2	0	1	0	0
3	0	0	1	0
4	0	0	0	1

② 二相励磁:在每个瞬间,步进电机有两个线圈同时导通。每送一个励磁信号,步进电机旋转 1.8 度。其特点是:输出转矩大,振动小,成为目前使用最多的励磁方式。如果以该方式控制步进电机正转,对应的励磁顺序见表 4.11。如果想让步进电机反转,只需要反顺序传送励磁信号。

表 4.11　二相励磁顺序表

Step	A	B	$\overline{A}$	$\overline{B}$
1	1	1	0	0
2	0	1	1	0
3	0	0	1	1
4	1	0	0	1

③ 一二相励磁:一相励磁与二相励磁交替导通的方式。每送一个励磁信号,步进电机旋转 0.9°。其特点是:分辨率高,运转平滑。如果以该方式控制步进电机正转,对应的励磁

顺序见表 4.12。如果想让步进电机反转，只需要反顺序传送励磁信号。

表 4.12　一二相励磁顺序表

Step	A	B	$\overline{A}$	$\overline{B}$
1	1	0	0	0
2	1	1	0	0
3	0	1	0	0
4	0	1	1	0
5	0	0	1	0
6	0	0	1	1
7	0	0	0	1
8	1	0	0	1

2. TC1508S 驱动芯片

用 TC1508S 来驱动步进电机，最大连续输出电流可达 1.8 A/通道，峰值 2.5 A，具有宽电压工作范围。

（1）芯片引脚说明见表 4.13。

表 4.13　芯片引脚说明表

<table>
<tr><th>引脚图</th><th>序号</th><th>符号</th><th>功能说明</th></tr>
<tr><td rowspan="16"> 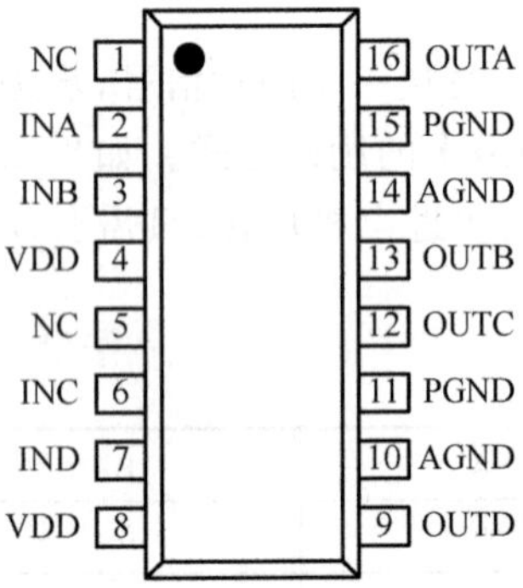NC 1　16 OUTA
INA 2　15 PGND
INB 3　14 AGND
VDD 4　13 OUTB
NC 5　12 OUTC
INC 6　11 PGND
IND 7　10 AGND
VDD 8　9 OUTD
SOP-16</td><td>1</td><td>NC</td><td>悬空</td></tr>
<tr><td>2</td><td>INA</td><td>接合 INB 决定状态</td></tr>
<tr><td>3</td><td>INB</td><td>接合 INA 决定状态</td></tr>
<tr><td>4</td><td>VDD</td><td>电源正极</td></tr>
<tr><td>5</td><td>NC</td><td>悬空</td></tr>
<tr><td>6</td><td>INC</td><td>接合 IND 决定状态</td></tr>
<tr><td>7</td><td>IND</td><td>接合 INC 决定状态</td></tr>
<tr><td>8</td><td>VDD</td><td>电源正极</td></tr>
<tr><td>9</td><td>OUTD</td><td>全桥输出 D 端</td></tr>
<tr><td>10</td><td>AGND</td><td>地</td></tr>
<tr><td>11</td><td>PGND</td><td>地</td></tr>
<tr><td>12</td><td>OUTC</td><td>全桥输出 C 端</td></tr>
<tr><td>13</td><td>OUTB</td><td>全桥输出 B 端</td></tr>
<tr><td>14</td><td>AGND</td><td>地</td></tr>
<tr><td>15</td><td>PGND</td><td>地</td></tr>
<tr><td>16</td><td>OUTA</td><td>全桥输出 A 端</td></tr>
</table>

(2) 芯片输入/输出说明见表 4.14。

表 4.14　芯片输入/输出说明表

输入				输出				方式
INA	INB	INC	IND	OUTA	OUTB	OUTC	OUTD	
L	L			Hi-Z	Hi-Z			待命状态
H	L			H	L			前进
L	H			L	H			后退
H	H			L	L			刹车
		L	L			Hi-Z	Hi-Z	待命状态
		H	L			H	L	前进
		L	H			L	H	后退
		H	H			L	L	刹车

3. 四线双极性步进电机驱动模块

芯片的输入通过 J80 端子提供,芯片的输出由 J81 端子引出。例如,使用单片机的 4 个引脚输入信号到 TC1508S,如图 4.48 所示,可以看出 TC1508S 的输出 OUTA、OUTB、OUTC 和 OUTD 4 根线已连接到 J81,这 4 根线接到四线双极性步进电机,即 OUTB 接 A－,OUTA 接 A＋,OUTD 接 B－,OUTC 接 B＋。需要注意的是,步进电机的 4 根控制线与 J81 接线的顺序决定了电机是否正转。

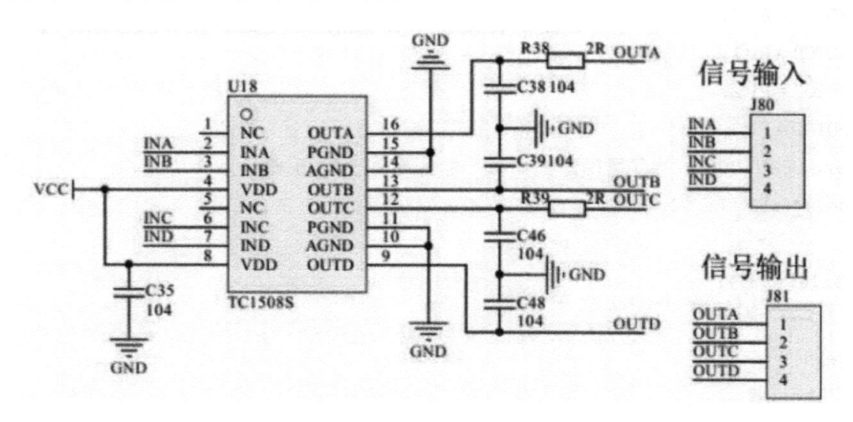

图 4.48　四线双极性步进电机驱动模块原理图

三、实验步骤

(1) 实验任务一:实现步进电机转动。

使用 USB 线将开发板和计算机连接成功后,把编写好的.hex 文件烧入芯片内,按照图 4.49 所示的接线方式,P10 连 J80 的 IA,P11 连 J80 的 IB,P12 连 J80 的 IC,P13 连 J80 的 ID;J81 的 OA 连步进电机的 A＋,J81 的 OB 连步进电机的 B＋,J81 的 OC 连步进电机的 A－,J81 的 OD 连步进电机的 B－。程序下载成功后,我们可以看到步进电机在不停地旋转。

图 4.49　步进电机转动接线示意图

新建工程并在 main.c 源文件内进行编程，main.c 内代码如下。

```
#include "reg52.h"
#include<intrins.h>
typedef unsigned int u16;
typedef unsigned char u8;
sbit MOTOA = P1^0;
sbit MOTOB = P1^1;
sbit MOTOC = P1^2;
sbit MOTOD = P1^3;
#define SPEED 200        //修改此值可改变电机旋转速度,不能过大或过小
void delay(u16 i)
{
    while(i--);
}
void main()
{
    P1 = 0X00;
    while(1)
    {
        MOTOA = 1;
        MOTOB = 0;
        MOTOC = 1;
        MOTOD = 1;
        delay(SPEED);
        MOTOA = 0;
        MOTOB = 1;
```

```
        MOTOC = 1;
        MOTOD = 1;
        delay(SPEED);
        MOTOA = 1;
        MOTOB = 1;
        MOTOC = 1;
        MOTOD = 0;
        delay(SPEED);
        MOTOA = 1;
        MOTOB = 1;
        MOTOC = 0;
        MOTOD = 1;
        delay(SPEED);
    }
}
```

注意:延时时间 SPEED 过大可能导致电机抖动,过小可能导致电机不转。

(2) 实验任务二:使用 3 个独立按键控制步进电机的正、反转和停止。

使用 USB 线将开发板和计算机连接成功后,如图 4.50 所示,在上个实验的基础上增加 3 个按键的接线(P27 接 K1,P26 接 K2,P25 接 K3),然后把编写好的.hex 文件烧入芯片内,程序下载成功后,我们可以通过按键控制步进电机正、反转和停止。

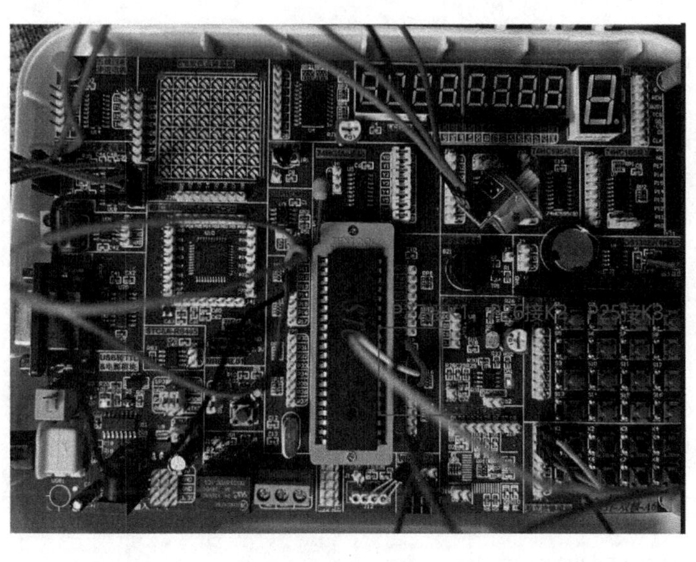

图 4.50　步进电机正、反转和停止接线示意图

新建工程并在 main.c 源文件内进行编程,main.c 内代码如下。

```
#include "reg52.h"              //此文件中定义了单片机的一些特殊功能寄存器
typedef unsigned int u16;       //对数据类型进行声明定义
typedef unsigned char u8;
sbit MOTOA = P1^0;
```

```
sbit MOTOB = P1^1;
sbit MOTOC = P1^2;
sbit MOTOD = P1^3;
sbit key1 = P2^7;                //正转按键
sbit key2 = P2^6;                //反转按键
sbit key3 = P2^5;                //停止按键
#define SPEED 200                //修改此值可改变电机旋转速度,不能过大或过小
void delay(u16 i)
{
    while(i--);
}
void main()
{
    unsigned char mode;
    while(1)
    {
        if(key1 == 0)
        {
            mode = 1;
            P1 = 0X00;
            delay(100);
        }
        if(key2 == 0)
        {
            mode = 2;
            P1 = 0X00;
            delay(100);
        }
        if(key3 == 0)
        {
            mode = 3;
        }
        switch(mode)
        {
            case 1:              //正转
            MOTOA = 1;
            MOTOB = 0;
            MOTOC = 1;
            MOTOD = 1;
            delay(SPEED);
            MOTOA = 0;
            MOTOB = 1;
```

```
            MOTOC = 1;
            MOTOD = 1;
            delay(SPEED);
            MOTOA = 1;
            MOTOB = 1;
            MOTOC = 1;
            MOTOD = 0;
            delay(SPEED);
            MOTOA = 1;
            MOTOB = 1;
            MOTOC = 0;
            MOTOD = 1;
            delay(SPEED);
            break;
            case 2:          //反转
            MOTOA = 1;
            MOTOB = 1;
            MOTOC = 0;
            MOTOD = 1;
            delay(SPEED);
            MOTOA = 1;
            MOTOB = 1;
            MOTOC = 1;
            MOTOD = 0;
            delay(SPEED);
            MOTOA = 0;
            MOTOB = 1;
            MOTOC = 1;
            MOTOD = 1;
            delay(SPEED);
            MOTOA = 1;
            MOTOB = 0;
            MOTOC = 1;
            MOTOD = 1;
            delay(SPEED);
            break;
            case 3:          //停止
            P1 = 0X00;
            break;
        }
    }
}
```

4.8 LCD液晶显示实验

一、实验目的

(1) 了解LCD1602液晶显示的原理。
(2) 掌握LCD1602的用法。

二、实验原理

1. LCD1602介绍

1602液晶也称LCD1602字符型液晶,能显示2行字符,每行显示16个字符,用于显示字母、数字、符号,但是无法显示图片。芯片共16个引脚,具体功能见表4.15。

表4.15 LCD1602引脚功能介绍

编号	符号	引脚说明	编号	符号	引脚说明
1	VSS	电源地	9	D2	Data I/O
2	VDD	电源正极	10	D3	Data I/O
3	VL	液晶显示偏压信号	11	D4	Data I/O
4	RS	数据/命令选择端(H/L)	12	D5	Data I/O
5	R/W	读/写选择端(H/L)	13	D6	Data I/O
6	E	使能信号	14	D7	Data I/O
7	D0	Data I/O	15	BLA	背光源正极
8	D1	Data I/O	16	BLK	背光源负极

引脚3:VL,液晶显示偏压信号,用于调整显示对比度,为0时可以得到最强的对比度。

引脚4:RS,数据/命令选择端,高电平时对LCD1602进行数据字节的传输操作,低电平时进行命令字节的传输操作。命令字节可以设置LCD1602工作方式,数据字节则是屏幕上显示的字节。

引脚5:R/W,读/写选择端。高电平时对LCD1602进行读数据操作,低电平时对LCD1602进行写数据操作。

引脚6:E,使能信号,上升沿时实现对LCD1602的数据进行传输。

引脚7~14:8位并行数据口。

2. 屏幕显示

LCD1602屏幕有2行且每行16个字的显示区域,内部含有80个字节的DDRAM,用来寄存显示字符。其地址和屏幕的对应关系见表4.16。

表4.16 LCD1602 16字×2行显示区域及对应地址

00	01	02	03	04	05	06	07	08	09	0A	0B	0C	0D	0E	0F
40	41	42	43	44	45	46	47	48	49	4A	4B	4C	4D	4E	4F

例如,第二行第一个字符的地址是 40H,写入要显示的地址时要求最高位 D7 恒定为高电平 1,所以写入的数据应该是 01000000B(40H)+10000000B(80H)=11000000B(C0H)。

3. 常用指令

1) 清屏指令

清屏指令编码见表 4.17。需要说明的是,DB0～DB7 表示数据第 1 位至第 8 位,因为无特殊名称,这里统一用 DB0～DB7 描述位置。

表 4.17　清屏指令

RS	R/W	DB7	DB6	DB5	DB4	DB3	DB2	DB1	DB0
0	0	0	0	0	0	0	0	0	1

功能如下。

(1) 清除液晶显示器,即将 DDRAM 的内容全部填入"空白"的 ASCⅡ码 20H。

(2) 光标归位,即将光标撤回液晶显示屏的左上方。

(3) 将地址计数器(AC)的值设为 0。

2) 模式设置指令

模式设置指令见表 4.18。

表 4.18　模式设置指令

RS	R/W	DB7	DB6	DB5	DB4	DB3	DB2	DB1	DB0
0	0	0	0	0	0	0	1	I/D	S

功能如下。

设定每次写入 1 位数据后光标的移位方向,并且设定每次写入的 1 个字符是否移动。I/D:0=写入新数据后光标左移,1=写入新数据后光标右移;S:0=写入新数据后显示屏不移动,1=写入新数据后显示屏整体右移 1 个字符。

3) 显示开关控制指令

显示开关控制指令见表 4.19。

表 4.19　显示开关控制指令

RS	R/W	DB7	DB6	DB5	DB4	DB3	DB2	DB1	DB0
0	0	0	0	0	0	1	D	C	B

功能如下。

控制显示器开/关、光标显示/关闭以及光标是否闪烁。D:0=显示功能关,1=显示功能开;C:0=无光标,1=有光标;B:0=光标闪烁,1=光标不闪烁。

4) 功能设定指令

功能设定指令见表 4.20。

表 4.20　功能设定指令

RS	R/W	DB7	DB6	DB5	DB4	DB3	DB2	DB1	DB0
0	0	0	0	1	DL	N	F	X	X

功能如下。

设定数据总线位数、显示的行数及字型。DL:0=数据总线为 4 位,1=数据总线为 8 位;N:0=显示 1 行,1=显示 2 行;F:0=5×7 点阵/字符,1=5×10 点阵/字符。

4. LCD1602 使用方法

LCD1602 时序图如图 4.51 所示。

(1) 初始化。

(2) 写命令(RS=L),设置显示坐标。从左往右,按时间顺序看,首先需要把 RS 置为低电平,R/W 置为低电平,然后将数据送到数据口 DB0~DB7,最后 E 引脚出现一个高脉冲,此时 LCD1602 会将数据写入。

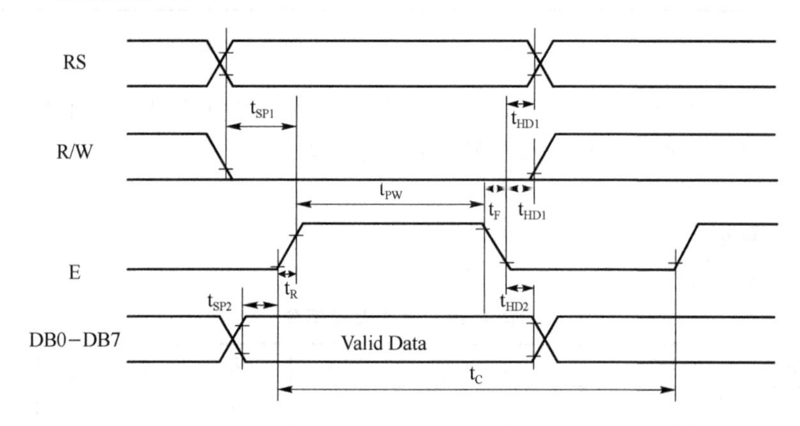

图 4.51 LCD1602 时序图

(3) 写数据(RS=H)。把 RS 置为高电平,R/W 置为低电平,将数据送到数据口 DB0~DB7,最后 E 引脚一个高脉冲将数据写入。写指令和写数据,差别仅仅在于 RS 的电平不一样。

5. 开发板原理

开发板上集成了一个 LCD1602 液晶接口,如图 4.52 所示,LCD1602 的 8 位数据口 DB0~DB7 与单片机的 P0.0~P0.7 引脚连接,LCD1602 的 RS、RW、E 引脚与单片机的 P2.6、P2.5、P2.7 引脚连接。RJ1 是一个电位器,用来调节 LCD1602 对比度,即显示亮度。实验时只需要将配置的 LCD1602 液晶插到开发板的 LCD1602 接口处。

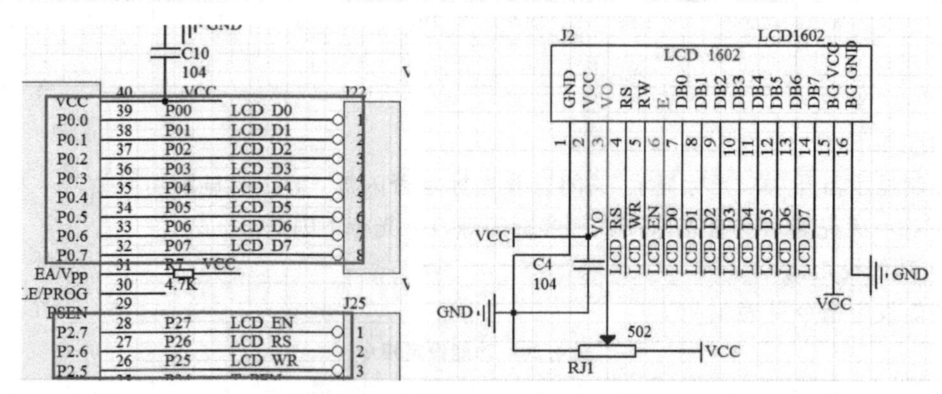

图 4.52 LCD1602 液晶接口电路原理图

三、实验步骤

实验任务：在 LCD1602 液晶上显示字符信息。硬件连接如图 4.53 所示。

图 4.53　接线示意图

在软件工程中，新建 lcd. c，单击 Keil 软件菜单的图标 ，在弹出来的画面中添加 lcd. c 文件，并单击【OK】关闭窗口，如图 4.54 所示。

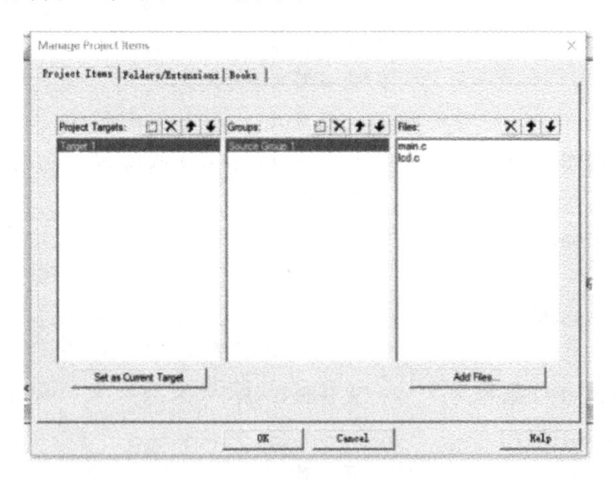

图 4.54　工程文件示意图

lcd. c 内编码如下。

```
#include "lcd.h"
void Lcd1602_Delay1ms(uint c)       //延时 1 ms
{
    uchar a,b;
    for (; c>0; c--)
    {
        for (b=199;b>0;b--)
        {
            for(a=1;a>0;a--);
        }
```

```
        }
    }
    #ifndef LCD1602_4PINS                    //当没有定义这个 LCD1602_4PINS 时
    void LcdWriteCom(uchar com)              //写入命令
    {
        LCD1602_E = 0;                       //使能
        LCD1602_RS = 0;                      //选择发送命令
        LCD1602_RW = 0;                      //选择写入
        LCD1602_DATAPINS = com;              //放入命令
        Lcd1602_Delay1ms(1);                 //等待数据稳定
        LCD1602_E = 1;                       //写入时序
        Lcd1602_Delay1ms(5);                 //保持时间
        LCD1602_E = 0;
    }
    #else
    void LcdWriteCom(uchar com)              //写入命令
    {
        LCD1602_E = 0;                       //使能清零
        LCD1602_RS = 0;                      //选择写入命令
        LCD1602_RW = 0;                      //选择写入
        LCD1602_DATAPINS = com;              //由于 4 位的接线是接到 P0 口的高四位,所以传送高四位
                                               不用改
        Lcd1602_Delay1ms(1);
        LCD1602_E = 1;                       //写入时序
        Lcd1602_Delay1ms(5);
        LCD1602_E = 0;
        LCD1602_DATAPINS = com << 4;         //发送低四位
        Lcd1602_Delay1ms(1);
        LCD1602_E = 1;                       //写入时序
        Lcd1602_Delay1ms(5);
        LCD1602_E = 0;
    }
    #endif
    #ifndef LCD1602_4PINS
    void LcdWriteData(uchar dat)             //写入数据
    {
        LCD1602_E = 0;                       //使能清零
        LCD1602_RS = 1;                      //选择输入数据
        LCD1602_RW = 0;                      //选择写入
        LCD1602_DATAPINS = dat;              //写入数据
        Lcd1602_Delay1ms(1);
        LCD1602_E = 1;                       //写入时序
```

```
    Lcd1602_Delay1ms(5);            //保持时间
    LCD1602_E = 0;
}
#else
void LcdWriteData(uchar dat)        //写入数据
{
    LCD1602_E = 0;                  //使能清零
    LCD1602_RS = 1;                 //选择写入数据
    LCD1602_RW = 0;                 //选择写入
    LCD1602_DATAPINS = dat;         //由于 4 位的接线是接到 P0 口的高四位,所以传送高四位不
                                      用改
    Lcd1602_Delay1ms(1);
    LCD1602_E = 1;                  //写入时序
    Lcd1602_Delay1ms(5);
    LCD1602_E = 0;
    LCD1602_DATAPINS = dat << 4;    //写入低四位
    Lcd1602_Delay1ms(1);
    LCD1602_E = 1;                  //写入时序
    Lcd1602_Delay1ms(5);
    LCD1602_E = 0;
}
#endif
#ifndef LCD1602_4PINS
void LcdInit()                      //LCD 初始化子程序
{
    LcdWriteCom(0x38);              //开显示
    LcdWriteCom(0x0c);              //开显示不显示光标
    LcdWriteCom(0x06);              //写一个指针加 1
    LcdWriteCom(0x01);              //清屏
    LcdWriteCom(0x80);              //设置数据指针起点
}
#else
void LcdInit()                      //LCD 初始化子程序
{
    LcdWriteCom(0x32);              //将 8 位总线转为 4 位总线
    LcdWriteCom(0x28);              //在 4 位线下的初始化
    LcdWriteCom(0x0c);              //开显示不显示光标
    LcdWriteCom(0x06);              //写一个指针加 1
    LcdWriteCom(0x01);              //清屏
    LcdWriteCom(0x80);              //设置数据指针起点
}
#endif
```

main.c中编码如下。

```
#include "reg52.h"
#include "lcd.h"
typedef unsigned int u16;
typedef unsigned char u8;
u8 Disp[] = " Hello World";
void main(void)
{
    u8 i;
    LcdInit();
    for(i = 0;i < 16;i ++ )
    {
        LcdWriteData(Disp[i]);
    }
    while(1);
}
```

在主函数中,LcdInit()函数完成LCD初始化,默认将显示位置设置为第一行的第一个地址,然后在for循环内发送Disp数组的16个字符到LCD上显示。

四、作业

使用LCD1602显示同学的名字和学号,并观察实验现象。需要注意的是,LCD1602只能显示ASCⅡ字符,需要显示数值时,要将数字转换为字符,如数字1的转换方法为:1+0x30。

本章小结

本章节介绍了基于开发板的51实验,分析了实验的原理,分享了实验步骤和关键的代码。通过这七个综合实验,学生可以学习51芯片的使用方法,为进一步学习单片机的高阶应用奠定基础。

第5章　基于开发板的STM32进阶实验

本章通过开发板上配套的STM32核心板来实现升级的STM32实验教学，提高学生对STM32单片机引脚功能的理解，培养学生对于STM32单片机应用的能力。

5.1　软件和硬件的准备

5.1.1　开发板简介

图5.1所示为STM32核心板，我们可以将实验板（如图5.2所示）中间黑色的STC89C516单片机取下来，然后将STM32核心板插入底座上，就可以开展STM32实验了。这里使用的是STM32F103C8芯片，核心板原理图如图5.3所示。

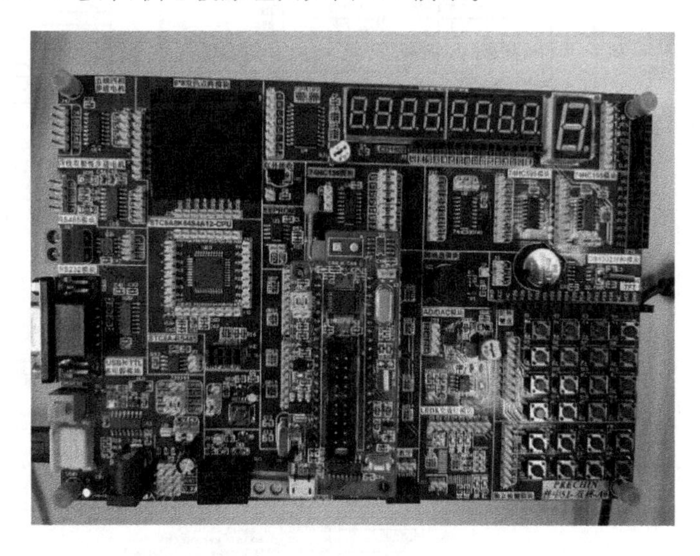

图5.1　STM32核心板

图5.2　STM32实验板

观察图5.4所示的核心板引脚与开发板的对照关系，左侧图STM32的引脚分别对应右侧图的开发板接线引脚。例如，要使用STM32的PA0就是接线到右侧图底座的P10（PB8对应P00，PA10对应P30，PB0对应P27，以此类推）。

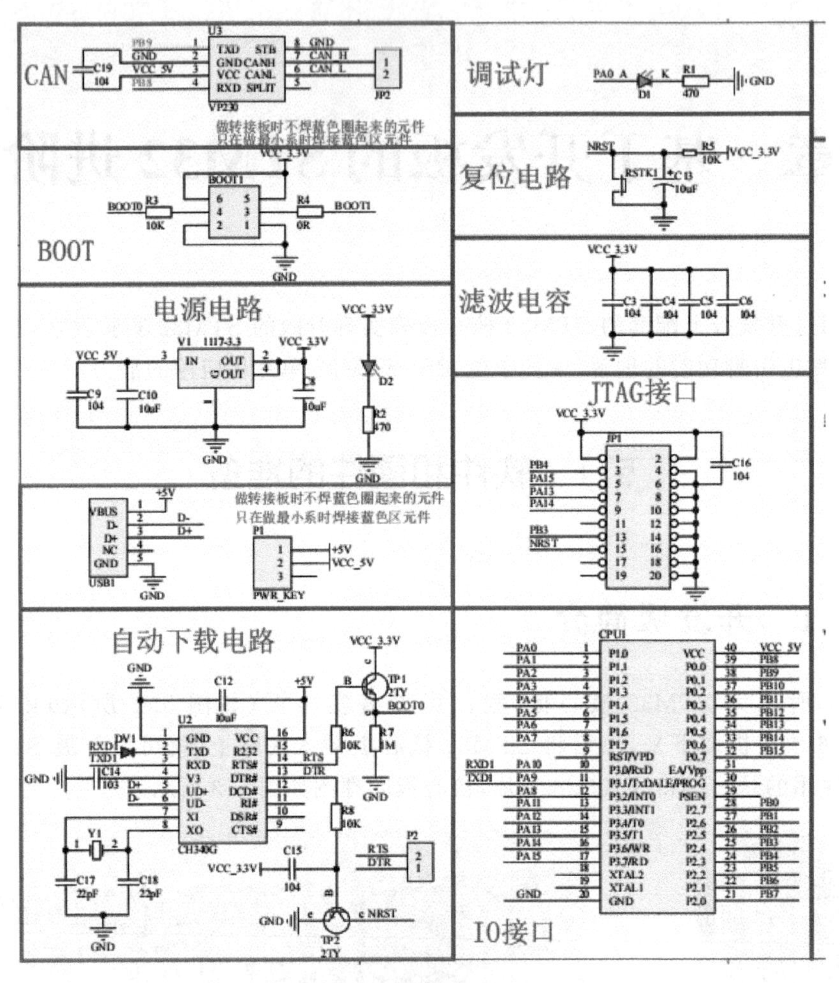

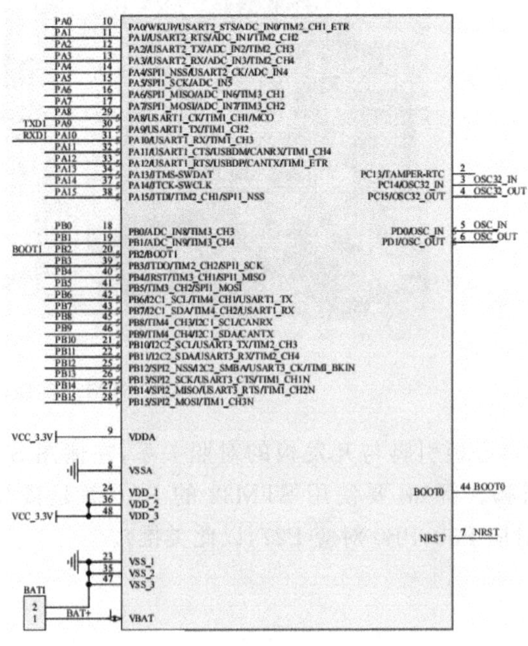

图 5.3　核心板原理图及 STM32 F103C8

图 5.4　STM32 核心板与开发板底座的接线对照图

5.1.2　Keil 5 软件安装

在软件包中，双击 mdk514.exe 这个应用程序，弹出图 5.5 所示的对话框。

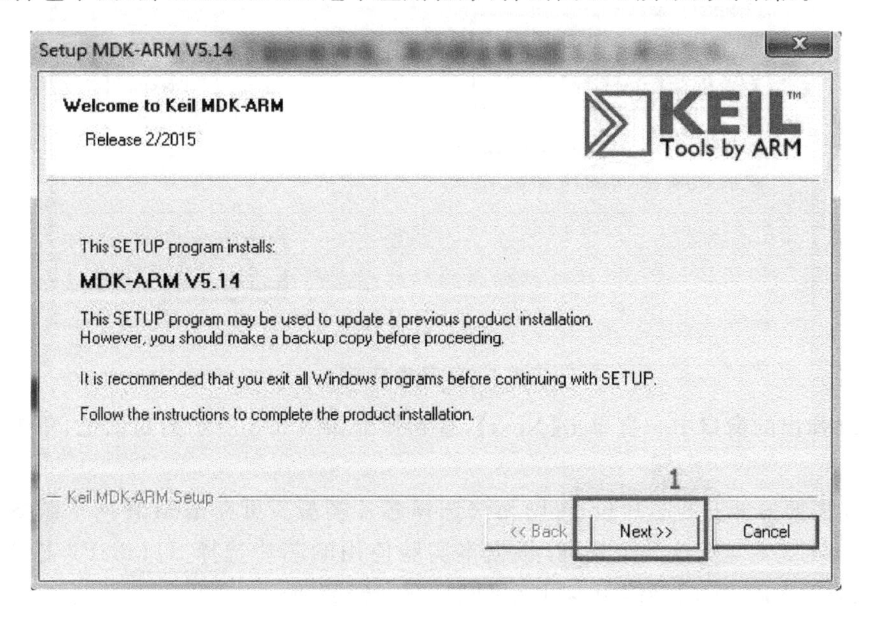

图 5.5　开始安装

单击【Next】,弹出如图5.6所示的对话框。

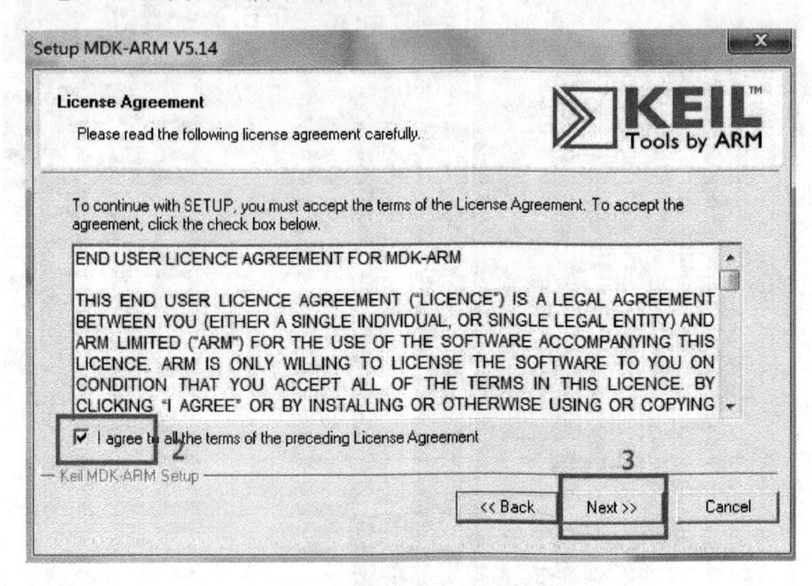

图5.6 同意协议

在框2中勾选,单击【Next】,弹出如图5.7所示的对话框。

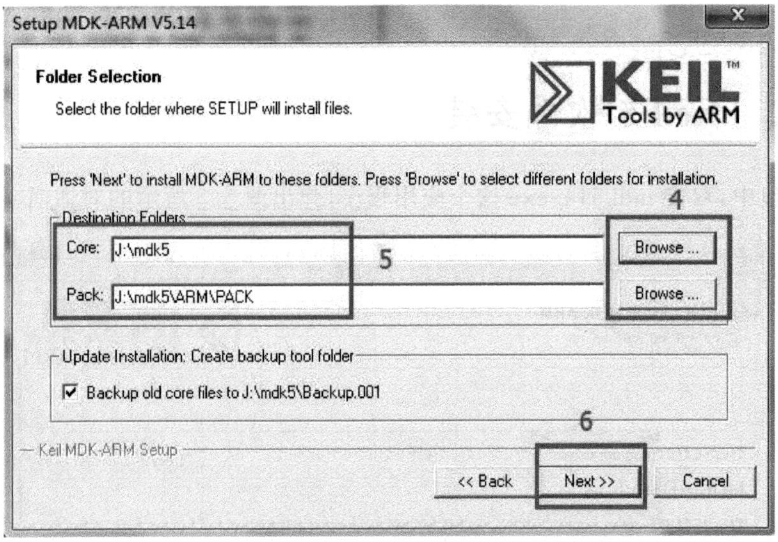

图5.7 设置目录

在后续弹出的窗口中一直单击【Next】,直到弹出如图5.8所示的对话框,单击【Finish】关闭程序。

Keil 5需要另外安装芯片包,否则无法选择芯片类型。可在Keil官网下载STM32芯片包,有F0/1/2/6/4/7这几个系列,根据本实验使用的芯片选择STM32F1芯片包Keil.STM32F1xx_DFP1.0.5(具体版本可能不同),双击安装即可。

首先,在桌面的图标中打开Keil u Vision 5软件,通过单击【魔术棒】,检查是否已安装好STM32F1芯片包。从图5.9可以看到,STM32F1在粗框2中已出现,说明已安装好了。

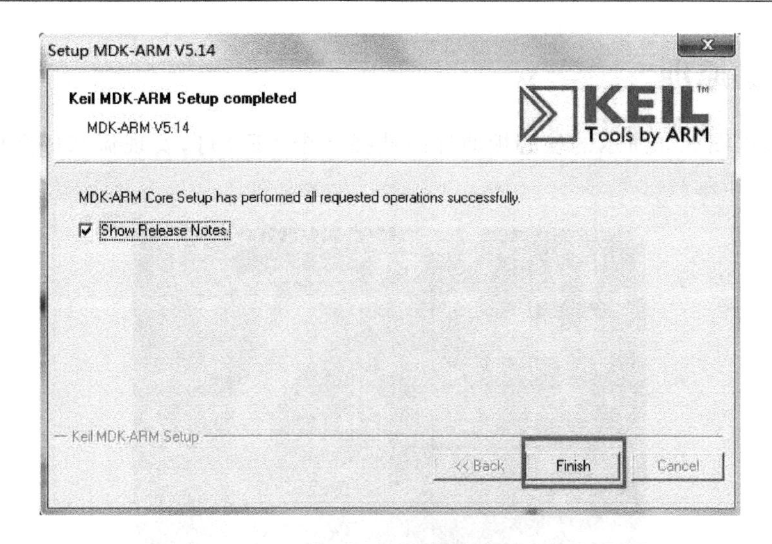

图 5.8　安装结束

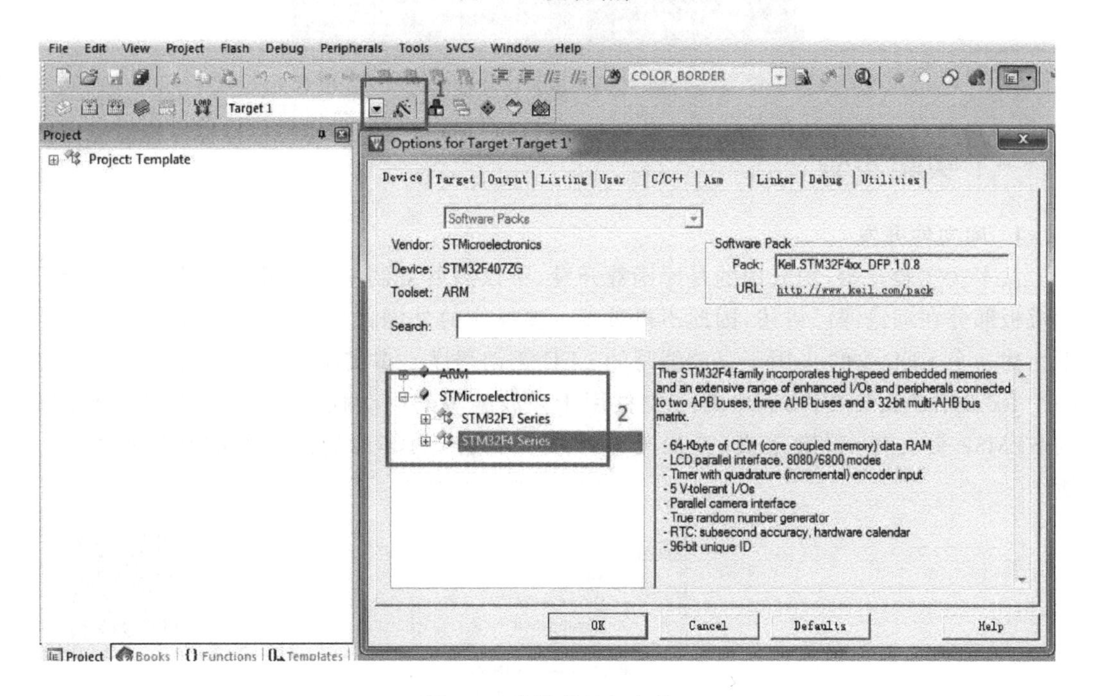

图 5.9　安装芯片包文件

5.2　LED 显示实验(库函数)

一、实验目的

(1) 了解 STM32 单片机的引脚结构。

(2) 学习 GPIO 的操作。

二、实验原理

本实验根据图 5.3 所示的核心板原理图选择 8 个 LED 灯,实现流水灯操作,因此硬件接线如图 5.10 所示。

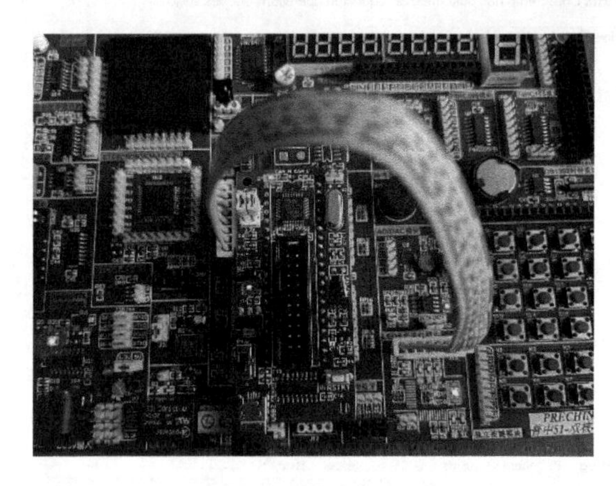

图 5.10　流水灯接线图

三、实验步骤

1. 库文件开发

从本次实验开始,均采用的是库函数开发,所以需要复制一个创建好的库函数模板,创建模板部分在理论课已讲述,因此不再重复。要操作的外围器件是 LED,所以在 App 目录下新建一个 LED 文件夹用于存放编写的 LED 驱动程序。本实验在工程模板的基础上新建一个 led. c 和 led. h 文件,其中的. c 文件用于存放编写的驱动程序,. h 文件用于存放. c 内的 STM32 头文件、引脚定义、全局变量声明、函数声明等内容。工程的结构如图 5.11 所示。

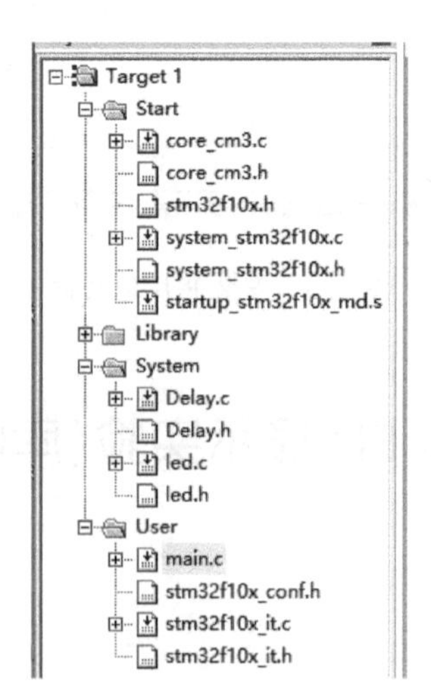

图 5.11　工程目录截图

2. 程序软件核心代码

在main.c文件内编写如下代码。

```
#include "stm32f10x.h"
#include "Delay.h"
#include "led.h"
#define speed 100
int main(void)
{
  LED_Init();
    while (1)
    {
        GPIO_Write(GPIOA, ~0x0001);//GPIOA的端口:0000 0000 0000 0001
        Delay_ms(speed);
        GPIO_Write(GPIOA, ~0x0002);//0000 0000 0000 0010
        Delay_ms(speed);
        GPIO_Write(GPIOA, ~0x0004);//0000 0000 0000 0100
        Delay_ms(speed);
        GPIO_Write(GPIOA, ~0x0008);//0000 0000 0000 1000
        Delay_ms(speed);
        GPIO_Write(GPIOA, ~0x0010);//0000 0000 0001 0000
        Delay_ms(speed);
        GPIO_Write(GPIOA, ~0x0020);//0000 0000 0010 0000
        Delay_ms(speed);
        GPIO_Write(GPIOA, ~0x0040);//0000 0000 0100 0000
        Delay_ms(speed);
        GPIO_Write(GPIOA, ~0x0080);//0000 0000 1000 0000
        Delay_ms(speed);
    }
}
```

在led.c文件内编写代码如下。

```
#include "led.h"
void LED_Init(void)
{
    GPIO_InitTypeDef GPIO_InitStructure;                        //结构体命名
    RCC_APB2PeriphClockCmd(RCC_APB2Periph_GPIOA,ENABLE);  //使能外设时钟
    GPIO_InitStructure.GPIO_Mode = GPIO_Mode_Out_PP;        //GPIO参数配置
    GPIO_InitStructure.GPIO_Pin = GPIO_Pin_All;
    GPIO_InitStructure.GPIO_Speed = GPIO_Speed_50MHz;
    GPIO_Init(GPIOA,&GPIO_InitStructure);//GPIO初始化
}
```

在 led.h 文件内编写代码如下。

```
#ifndef _led_H
#define _led_H
#include "stm32f10x.h"
void LED_Init(void);
#endif
```

在 Delay.c 文件内编写如下代码，本部分代码可以用于其他实验的延时。

```
#include "stm32f10x.h"
void Delay_us(uint32_t xus)
{
    SysTick->LOAD = 72 * xus;                    //设置定时器重装值
    SysTick->VAL = 0x00;                         //清空当前计数值
    SysTick->CTRL = 0x00000005;                  //设置时钟源为 HCLK，启动定时器
    while(!(SysTick->CTRL & 0x00010000));        //等待计数到 0
    SysTick->CTRL = 0x00000004;                  //关闭定时器
}
void Delay_ms(uint32_t xms)
{
    while(xms--)
    {
        Delay_us(1000);
    }
}
void Delay_s(uint32_t xs)
{
    while(xs--)
    {
        Delay_ms(1000);
    }
}
```

在 Delay.h 中编写如下代码。

```
#ifndef __DELAY_H
#define __DELAY_H
void Delay_us(uint32_t us);
void Delay_ms(uint32_t ms);
void Delay_s(uint32_t s);
#endif
```

编译完代码后，将程序烧入 STM32，烧录时使用普中下载软件，注意选择芯片类型：STM32Fxxx Series。下载成功后，即可看到实验现象为流水灯。

5.3　数码管实验

一、实验目的

(1) 了解 STM32 单片机的引脚结构。

(2) 进一步学习 GPIO 的操作。

二、实验原理

核心板上有共阳静态数码管，相关介绍见 4.2 节。通过 STM32 将要显示的数据发送到数码管，从图 5.4 可知，PB8～PB15 即开发板的 P00～P07，可以从开发板的 P00～P07 引脚输出对应的数码管 8 位的段码，因此接线方法为：将数码管旁边的 J8 接到 STM32 旁边的 J22。

三、实验步骤

本实验内容为：静态数码管显示数字 0-A。

1. 硬件部分

硬件接线如图 5.12 所示。

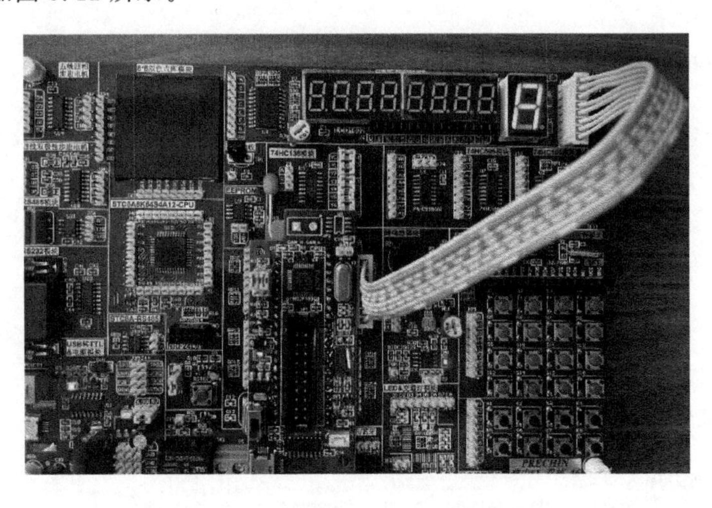

图 5.12　数码管实验硬件接线图

2. 程序软件核心代码

在库函数模板中的 App 目录下新建 smg.c 和 smg.h 文件。这里需要说明的是，工程中保留 led.c 文件用于闪烁一个 LED 灯以检查目前 STM32 是否死机，也可以不用这个 led.c 相关功能，后面的实验项目类似。

main.c 文件如图 5.13 所示，在文件内编写如下代码。

图 5.13　软件工程截图

```
#include "system.h"
#include "SysTick.h"
#include "smg.h"
u8 smgduan[17] = {0xc0,0xf9,0xa4,0xb0,0x99,0x92,0x82,0xf8,0x80,0x90,0x88,0x83,0xc6,
                  0xa1,0x86,0x8e};      //0～F 数码管段选数据
int main()
{
    u8 i = 0;
    SysTick_Init(72);
    SMG_Init();
    while(1)
    {
        for(i = 0;i < 11;i ++ )
        {
            GPIO_Write(SMG_PORT,(u16)(smgduan[i])<< 8);
            delay_ms(1000);
        }
    }
}
```

在 smg.c 文件内编写如下代码。

```
#include "smg.h"
void SMG_Init()
{
    GPIO_InitTypeDef GPIO_InitStructure;                    //结构体
    RCC_APB2PeriphClockCmd(SMG_PORT_RCC,ENABLE);            //开启 GPIO 时钟
    /* 配置 GPIO 的模式和 IO 口 */
    GPIO_InitStructure.GPIO_Pin = SMG_PIN;                  // IO 口
    GPIO_InitStructure.GPIO_Mode = GPIO_Mode_Out_PP;
```

```
    GPIO_InitStructure.GPIO_Speed = GPIO_Speed_50MHz;
    GPIO_Init(SMG_PORT,&GPIO_InitStructure);     //初始化 GPIO
}
```

在 smg.h 文件内编写如下代码。

```
#ifndef _smg_H
#define _smg_H
#include "system.h"
#define SMG_PORT GPIOB
#define SMG_PIN
(GPIO_Pin_8|GPIO_Pin_9|GPIO_Pin_10|GPIO_Pin_11|GPIO_Pin_12|GPIO_Pin_13|GPIO_Pin_14|GPIO_Pin_15)
#define SMG_PORT_RCC RCC_APB2Periph_GPIOB
void SMG_Init(void);
#endif
```

在主函数中，首先对外设硬件进行初始化，然后进入 while 循环，通过 GPIO_Write 库函数将数码管段码数据发送到数码管，共阴数码管 0-A 的段码数存储在 smgduan 数组内。

四、作业

设计一个 9 秒钟倒计时器(提示：只需将例程程序修改下 for 循环即可)。

5.4　外部中断实验

一、实验目的

(1) 了解 STM32 单片机的引脚结构。
(2) 学习中断的使用方法。

二、实验原理

1. EXTI 配置

STM32F10x 外部中断/事件控制器(EXTI)包含多达 20 个用于产生事件/中断请求的边沿检测器。EXTI 的每根输入线都可单独进行配置，以选择类型(中断或事件)和相应的触发事件(上升沿触发、下降沿触发或边沿触发)，还可独立地被屏蔽。配置步骤如下。

(1) 使能 IO 口时钟，配置 IO 口模式为输入。

(2) 开启 AFIO 时钟。

```
RCC_APB2PeriphClockCmd(RCC_APB2Periph_AFIO,ENABLE);
```

设置 IO 口与中断线的映射关系，将 GPIO 映射到对应的中断线上。

```
void GPIO_EXTILineConfig(uint8_t GPIO_PortSource, uint8_t GPIO_PinSource);
```

(3) 配置中断断分组(NVIC)，进行中断配置，并使能中断。

2. 中断配置

在 STM32 使用中断就需要先配置它，通常经过以下两步。

(1) 使能外设某个中断，由外设相关中断使能位来控制，比如定时器有溢出中断，可由定时器的控制寄存器中相应中断使能位来控制。

(2) 设置中断优先级分组，初始化 NVIC_InitTypeDef 结构体，设置抢占优先级和响应优先级，使能中断请求。

NVIC_InitTypeDef 结构体如下。

```
typedef struct
{uint8_t NVIC_IRQChannel;                          //中断源
uint8_t NVIC_IRQChannelPreemptionPriority;        //抢占优先级
uint8_t NVIC IRQChannelSubPriority;               //响应优先级
FunctionalState NVIC_IRQChannelCmd;               //中断使能或失能
} NVIC_InitTypeDef;
```

NVIC_InitTypeDef 结构体成员介绍如下。

NVIC_IRQChannel：中断源的设置，不同的外设中断有不同的名字。

NVIC_IRQChannelPreemptionPriority：抢占优先级，值要根据优先级分组来确定。

NVIC_IRQChannelSubPriority：响应优先级，值要根据优先级分组来确定。

NVIC_IRQChannelCmd：中断使能/失能设置，使能配置为 ENABLE，失能配置为 DISABLE。

3. 初始化 EXTI，选择触发方式

配置好 NVIC 后，我们还需要对中断线上的中断初始化，EXTI 初始化库函数。

```
void EXTI_Init(EXTI_InitTypeDef * EXTI_InitStruct);
```

其中 EXTI_InitTypeDef 结构体成员变量如下。

```
typedef struct
{uint32_t EXTI_Line;                    //中断/事件线
EXTIMode_TypeDef EXTI_Mode;             //EXTI 模式
EXTITrigger_TypeDef EXTI_Trigger;       //EXTI 触发方式
FunctionalState EXTI_LineCmd;           //中断线使能或失能
}EXTI_InitTypeDef;
```

4. 编写 EXTI 中断服务函数

所有中断函数都在 STM32F1 启动文件中，外部中断的函数名如下。

```
EXTI0_IRQHandler
EXTI1_IRQHandler
EXTI2_IRQHandler
EXTI3_IRQHandler
EXTI4_IRQHandler
```

```
EXTI9_5_IRQHandler
EXTI15_10_IRQHandler
```

需要注意的是，前面 5 个中断线都是独立的函数，中断线 5～9 共用函数 EXTI9_5_IRQHandler，中断线 10～15 共用函数 EXTI15_10_IRQHandler。

三、实验步骤

本实验内容为：核心板上 D1 指示灯闪烁，按下 K1 键，D1 亮，再按下 K1 键，D1 灭；按下 K2 键，D2 亮，再按下 K2 键，D2 灭。

1. 硬件部分

硬件接线如图 5.14 所示，P13（即 STM32 的 PA3）接按键 K1，P14（即 STM32 的 PA4）接按键 K2，P21（即 STM32 的 PB6）和 P22（即 STM32 的 PB5）分别接 LED1 和 LED2。

图 5.14　外部中断实验硬件接线图

2. 程序软件核心代码

使用库函数模板，新建 main. c、led. c 和 exti_key. c 文件。

在 main. c 文件内编写如下代码。

```
#include "stm32f10x.h"
#include "led.h"
#include "exti_key.h"
void dlay(int32_t ncount)
{
while (ncount--);
}
int main(void)
{
```

```
    LED_Init();
    GPIO_ResetBits(GPIOB,GPIO_Pin_5);
    EXTI_Key_Init();
    while(1)
    {
      //控制 D1 闪烁,以观察单片机运行是否出错
      GPIO_WriteBit(GPIOA, GPIO_Pin_0, Bit_SET);
      dlay(720000);
      GPIO_WriteBit(GPIOA, GPIO_Pin_0, Bit_RESET);
      dlay(720000);
    }
}
//中断函数配置
void EXTI3_IRQHandler(void)
{
  if(EXTI_GetITStatus(EXTI_Line3) ! = RESET)
  {
       GPIO_WriteBit(GPIOB,GPIO_Pin_5,(BitAction)((1-GPIO_ReadOutputDataBit(GPIOB,GPIO_
       Pin_5))));
       EXTI_ClearITPendingBit(EXTI_Line3);
  }
void EXTI4_IRQHandler(void)
{
    if(EXTI_GetITStatus(EXTI_Line4) ! = RESET)
    {
GPIO_WriteBit(GPIOB,GPIO_Pin_6,(BitAction)((1-GPIO_ReadOutputDataBit(GPIOB,GPIO_Pin_
6))));
       EXTI_ClearITPendingBit(EXTI_Line4);
    }
}
```

在 led. c 文件内编写如下代码。

```
#include "led.h"
#include "stm32f10x.h"
void LED_Init(void)
{
    GPIO_InitTypeDef GPIO_InitStructure;
    RCC_APB2PeriphClockCmd(RCC_APB2Periph_GPIOB,ENABLE);    //开启时钟
    GPIO_InitStructure.GPIO_Pin = GPIO_Pin_5|GPIO_Pin_6;
    GPIO_InitStructure.GPIO_Speed = GPIO_Speed_50MHz;
    GPIO_InitStructure.GPIO_Mode = GPIO_Mode_Out_PP;
```

```
    GPIO_Init(GPIOB,&GPIO_InitStructure);          //初始化 GPIOB,用于点亮 led
}
```

在 exti_key.c 文件内编写如下代码。

```
#include "exti_key.h"
#include "misc.h"
void EXTI_Key_Init(void)
{
    GPIO_InitTypeDef GPIO_InitStructure;
    RCC_APB2PeriphClockCmd(RCC_APB2Periph_GPIOA|RCC_APB2Periph_AFIO,ENABLE);//开启 PA3 和
    PA4 的时钟,并开启复用时钟
    GPIO_InitStructure.GPIO_Pin = GPIO_Pin_3|GPIO_Pin_4;
    GPIO_InitStructure.GPIO_Mode = GPIO_Mode_IN_FLOATING;
    GPIO_Init(GPIOA,&GPIO_InitStructure);          //GPIO 初始化配置:PA3 和 PA4
    GPIO_InitStructure.GPIO_Mode = GPIO_Mode_Out_PP;
    GPIO_InitStructure.GPIO_Pin = GPIO_Pin_0;
    GPIO_InitStructure.GPIO_Speed = GPIO_Speed_50MHz;
    GPIO_Init(GPIOA,&GPIO_InitStructure);          //GPIO 初始化配置 PA0

    NVIC_PriorityGroupConfig(NVIC_PriorityGroup_2);
    NVIC_InitTypeDef NVIC_InitStructure;
    NVIC_InitStructure.NVIC_IRQChannel = EXTI3_IRQn;
    NVIC_InitStructure.NVIC_IRQChannelPreemptionPriority = 1;
    NVIC_InitStructure.NVIC_IRQChannelSubPriority = 1;
    NVIC_InitStructure.NVIC_IRQChannelCmd = ENABLE;
    NVIC_Init(&NVIC_InitStructure);                //NVIC 初始化配置
    NVIC_InitStructure.NVIC_IRQChannel = EXTI4_IRQn;
    NVIC_InitStructure.NVIC_IRQChannelPreemptionPriority = 1;
    NVIC_InitStructure.NVIC_IRQChannelSubPriority = 2;
    NVIC_InitStructure.NVIC_IRQChannelCmd = ENABLE;
    NVIC_Init(&NVIC_InitStructure);                //NVIC 初始化配置
    EXTI_InitTypeDef EXTI_InitStructure;
    EXTI_ClearITPendingBit(EXTI_Line3&EXTI_Line4); //清除中断线路 3 和 4 的挂起
    GPIO_EXTILineConfig(GPIO_PortSourceGPIOA,GPIO_PinSource3);//外部中断配置函数,连接
                                                    GPIO 和中断
    GPIO_EXTILineConfig(GPIO_PortSourceGPIOA,GPIO_PinSource4);//外部中断配置函数,连接
                                                    GPIO 和中断
    EXTI_InitStructure.EXTI_Line = EXTI_Line3;
    EXTI_InitStructure.EXTI_Mode = EXTI_Mode_Interrupt;
    EXTI_InitStructure.EXTI_Trigger = EXTI_Trigger_Falling;
    EXTI_InitStructure.EXTI_LineCmd = ENABLE ;
```

```
    EXTI_Init(&EXTI_InitStructure);                    //使能外部中断线路3
    EXTI_InitStructure.EXTI_Line = EXTI_Line4;         //使能外部中断线路4
    EXTI_Init(&EXTI_InitStructure);
}
```

编译完代码后,将程序烧入 STM32 即可看到实验现象。

5.5 定时器中断

一、实验目的

(1) 了解 STM32 单片机的引脚结构。

(2) 学习定时器中断的使用方法。

二、实验原理

1. 定时器介绍

STM32F1 的定时器非常多,由 2 个基本定时器(TIM6、TIM7)、4 个通用定时器(TIM2~TIM5)和 2 个高级定时器(TIM1、TIM8)组成。基本定时器的功能最为简单;通用定时器是在基本定时器的基础上扩展而来,增加了输入捕获与输出比较等功能;高级定时器又是在通用定时器基础上增加了可编程死区互补输出、重复计数器、带刹车(断路)功能。本实验采用通用定时器。

2. 通用定时器配置步骤

定时器相关库函数在 stm32f10x_tim.c 和 stm32f10x_tim.h 文件中,配置步骤如下。

(1) 使能定时器时钟,例如使用 APB1 总线时钟使能函数来使能 TIM4,调用的库函数如下。

```
RCC_APB1PeriphClockCmd(RCC_APB1Periph_TIM4,ENABLE);//使能 TIM4 时钟
```

(2) 初始化定时器参数,包含自动重装值、分频系数、计数方式等。对定时器内相关参数初始化,库函数如下。

```
voidTIM_TimeBaseInit(TIM_TypeDef * TIMx,TIM_TimeBaseInitTypeDef * TIM_TimeBaseInitStruct);
```

结构体指针变量 TIM_TimeBaseInitStruct 的结构体如下。

```
typedef struct
{
uint16_t TIM_Prescaler;                        //定时器预分频器
uint16_t TIM_CounterMode;                      //计数模式
uint32_t TIM_Period;                           //定时器周期
uint16_t TIM_ClockDivision;                    //时钟分频
```

```
uint8_t TIM_RepetitionCounter; //重复计数器
} TIM_TimeBaseInitTypeDef;
```

(3) 设置定时器中断类型,并使能。对定时器中断类型和使能设置的函数如下。

```
void TIM_ITConfig(TIM_TypeDef * TIMx, uint16_t TIM_IT, FunctionalState NewState);
```

第一个参数用来选择定时器,例如 TIM5。

第二个参数用来设置定时器中断类型,定时器的中断类型非常多,包括更新中断 TIM_IT_Update、触发中断 TIM_IT_Trigger 等。

第三个参数用来使能或者失能定时器中断,可以为 ENABLE 和 DISABLE。

(4) 设置定时器中断优先级,使能定时器中断通道。

对 NVIC 初始化,NVIC 初始化方法见上一个实验。

(5) 开启定时器。函数如下。

```
void TIM_Cmd(TIM_TypeDef * TIMx, FunctionalState NewState);
```

第一个参数用来选择定时器。

第二个参数开启或者关闭定时器功能,选择 ENABLE 和 DISABLE。

(6) 编写定时器中断服务函数。

定时器中断服务函数名在 STM32F1 启动文件内就有,TIM4 中断函数名 TIM4_IRQHandler。

进入中断后,要在中断服务函数开头处通过状态寄存器的值判断此次中断是哪种类型,然后做出相应的控制。读取定时器中断状态标志位的函数如下。

```
ITStatus TIM_GetITStatus(TIM_TypeDef * TIMx, uint16_t TIM_IT);
```

在编写定时器中断服务函数时,最后都会调用一个清除中断标志位的函数,如下。

```
void TIM_ClearITPendingBit(TIM_TypeDef * TIMx, uint16_t TIM_IT);
```

3. PWM 实现定时

PWM 是 STM32 定时器输出的典型应用,用于产生 PWM 波形。除了 TIM6 和 TIM7,其他定时器都可以用于产生 PWM 输出。PWM 由定时器驱动,定时器的周期就是 PWM 的周期,为了控制高低电平的比例,会在定时器的基础上加上一个比较寄存器,同时需要和 IO 口结合输出 PWM 波。

三、实验步骤

本实验内容为:核心板上 D1 指示灯闪烁,计时 5 s 后,D2 亮,计时 10 s,D2 灭,如此反复。

1. 硬件部分

硬件接线如图 5.15 所示,将 LED 灯 D2 接入单片机底座的引脚 P11(即 PA1)。

2. 程序软件核心代码

在库函数模板中的 App 目录下,新建 led. c、timer. c 和 TIM3_PWM. c 文件。

在 main. c 文件内编写代码如下。

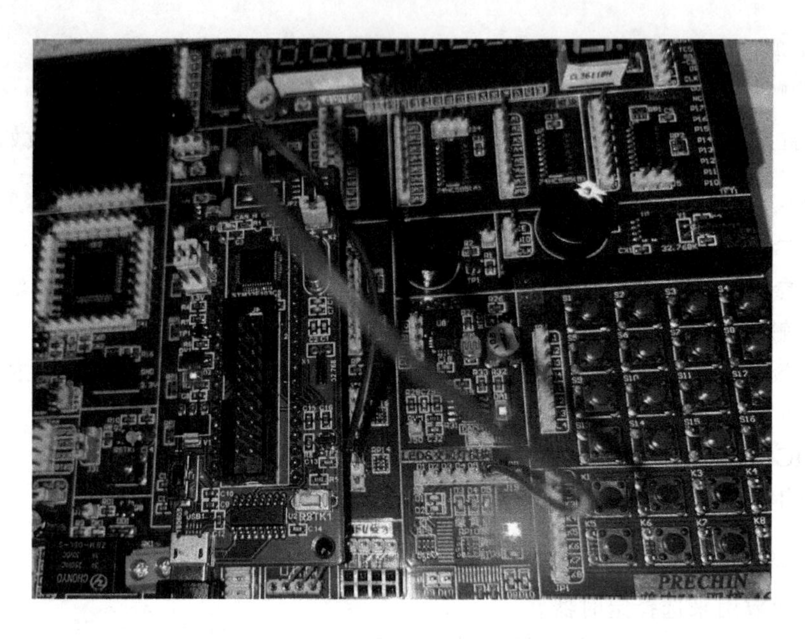

图 5.15 定时器中断实验硬件接线图

```
#include "timer.h"
#include "TIM3_PWM.h"
#include "led.h"
#include "stm32f10x.h"
void delay(u32 nCount)
{
    for(;nCount != 0;nCount--);
}
int main(void)
{
    LED_Init();
    Timer_Init();
    TIM2_NVIC_Configuration();
    TIM3_PWM_Init(29999,36000);
}
void TIM2_IRQHandler(void)
{
    if(TIM_GetITStatus(TIM2,TIM_IT_Update) != RESET)
    {
        GPIO_WriteBit(GPIOA,GPIO_Pin_0,(BitAction)((1-GPIO_ReadOutputDataBit(GPIOA,GPIO_
        Pin_0))));
        TIM_ClearITPendingBit(TIM2,TIM_IT_Update);
    }
}
```

在 led. c 文件内编写代码如下。

```
#include "led.h"
void LED_Init(void)
{
    GPIO_InitTypeDef GPIO_InitStructure;
    RCC_APB2PeriphClockCmd(RCC_APB2Periph_GPIOA,ENABLE);
    GPIO_InitStructure.GPIO_Pin = GPIO_Pin_0;
    GPIO_InitStructure.GPIO_Mode = GPIO_Mode_Out_PP;
    GPIO_InitStructure.GPIO_Speed = GPIO_Speed_50MHz;
    GPIO_Init(GPIOA,&GPIO_InitStructure);
}
```

在 time. c 文件内编写代码如下。

```
#include "Timer.h"
void TIM2_NVIC_Configuration(void)
{
    NVIC_InitTypeDef NVIC_InitStructure;
    NVIC_PriorityGroupConfig(NVIC_PriorityGroup_2);
    NVIC_InitStructure.NVIC_IRQChannel = TIM2_IRQn;
    NVIC_InitStructure.NVIC_IRQChannelPreemptionPriority = 0;
    NVIC_InitStructure.NVIC_IRQChannelSubPriority = 1;
    NVIC_InitStructure.NVIC_IRQChannelCmd = ENABLE;
    NVIC_Init(&NVIC_InitStructure);
}
void Timer_Init(void)
{
    TIM_TimeBaseInitTypeDef TIM_TimeBaseStructure;
    RCC_APB1PeriphClockCmd(RCC_APB1Periph_TIM2,ENABLE);
    TIM_TimeBaseStructure.TIM_Period = (36000-1);
    TIM_TimeBaseStructure.TIM_Prescaler = (2000-1);
    TIM_TimeBaseStructure.TIM_ClockDivision = TIM_CKD_DIV1;
    TIM_TimeBaseStructure.TIM_CounterMode = TIM_CounterMode_Up;
    TIM_TimeBaseInit(TIM2,&TIM_TimeBaseStructure);
    TIM_ClearFlag(TIM2,TIM_FLAG_Update);
    TIM_ITConfig(TIM2,TIM_IT_Update,ENABLE);
    TIM_Cmd(TIM2,ENABLE);
}
```

在 TIM3_PWM. c 文件内编写代码如下。

```
#include "TIM3_PWM.h"
#include "stm32f10x.h"
void TIM3_PWM_Init(u16 arr,u16 psc)
{
```

```
    GPIO_InitTypeDef GPIO_InitStructure;
    TIM_TimeBaseInitTypeDef  TIM_TimeBaseStructure;
    TIM_OCInitTypeDef  TIM_OCInitStructure;
    RCC_APB1PeriphClockCmd(RCC_APB1Periph_TIM3, ENABLE);  //使能定时器 3
    RCC_APB2PeriphClockCmd(RCC_APB2Periph_GPIOB |RCC_APB2Periph_AFIO, ENABLE);
                                      //使能 GPIO 外设和 AFIO 复用功能模块时钟
    GPIO_PinRemapConfig(GPIO_PartialRemap_TIM3, ENABLE); //Timer3 部分重映射 TIM3_CH2->PB5
    //设置该引脚为复用输出功能,输出 TIM3 CH2 的 PWM 脉冲波形 GPIOB.5
    GPIO_InitStructure.GPIO_Pin = GPIO_Pin_5;                //TIM_CH2
    GPIO_InitStructure.GPIO_Mode = GPIO_Mode_AF_PP;          //复用推挽输出
    GPIO_InitStructure.GPIO_Speed = GPIO_Speed_50MHz;
    GPIO_Init(GPIOB, &GPIO_InitStructure);                   //初始化 GPIO
    //初始化 TIM3
    TIM_TimeBaseStructure.TIM_Period = arr; //设置在下一个更新事件装入活动的自动重装载
                                          寄存器周期的值
    TIM_TimeBaseStructure.TIM_Prescaler = psc; //设置用来作为 TIMx 时钟频率除数的预分频值
    TIM_TimeBaseStructure.TIM_ClockDivision = 0; //设置时钟分割:TDTS = Tck_tim
    TIM_TimeBaseStructure.TIM_CounterMode = TIM_CounterMode_Up; //TIM 向上计数模式
    TIM_TimeBaseInit(TIM3, &TIM_TimeBaseStructure); //根据 TIM_TimeBaseInitStruct 中指定
                                                  的参数初始化 TIMx 的时间基数单位
    //初始化 TIM3 Channel2 PWM 模式
    TIM_OCInitStructure.TIM_OCMode = TIM_OCMode_PWM1; //选择定时器模式:TIM 脉冲宽度调制
                                                    模式 2
    TIM_OCInitStructure.TIM_OutputState = TIM_OutputState_Enable; //比较输出使能
    TIM_OCInitStructure.TIM_OCPolarity = TIM_OCPolarity_High; //输出极性:TIM 输出比较极
                                                            性高
    TIM_OCInitStructure.TIM_Pulse = 9999;
    TIM_OC2Init(TIM3, &TIM_OCInitStructure);//根据 T 指定的参数初始化外设 TIM3 OC2
    TIM_OC2PreloadConfig(TIM3, TIM_OCPreload_Enable); //使能 TIM3 在 CCR2 上的预装载寄
                                                    存器
    TIM_Cmd(TIM3, ENABLE);                              //使能 TIM3
}
```

编译完代码后,将程序烧入 STM32 即可看到实验现象。

5.6 串口通信实验

一、实验目的

(1) 了解 STM32 单片机的引脚结构。

(2) 学习串口通信的方法。

二、实验原理

1. USART

USART 即通用同步异步收发器，它能与外部设备进行全双工数据交换，满足外部设备对异步串行数据格式的要求。STM32F103ZET6 芯片含有 3 个 USART，2 个 UART 外设，它们都具有串口通信功能。USART 支持同步单向通信和半双工单线通信。

2. USART 串口通信配置步骤

(1) 使能串口时钟及 GPIO 端口时钟。

过 STM32F103ZET6 芯片具有 5 个串口，对应不同的引脚，串口 1 挂接在 APB2 总线上，串口 2～5 挂接在 APB1 总线上，根据自己所用串口使能总线时钟和端口时钟。例如，使用 USART1，其挂接在 APB2 总线上，并且 USART1 对应 STM32F103ZET6 芯片引脚的 PA9 和 PA10，使能时钟函数如下。

```
RCC_APB2PeriphClockCmd(RCC_APB2Periph_GPIOA,ENABLE);   //使能 GPIOA 时钟
RCC_APB2PeriphClockCmd(RCC_APB2Periph_USART1,ENABLE);  //使能 USART1 时钟
```

(2) GPIO 端口模式设置，设置串口对应的引脚为复用功能。

在配置 GPIO 时要将设置为复用功能，串口的 Tx 引脚配置为复用推挽输出，Rx 引脚为浮空输入。

```
GPIO_InitStructure.GPIO_Pin = GPIO_Pin_9;                  //TX //串口输出 PA9
GPIO_InitStructure.GPIO_Speed = GPIO_Speed_50MHz;
GPIO_InitStructure.GPIO_Mode = GPIO_Mode_AF_PP;            //复用推挽输出
GPIO_Init(GPIOA,&GPIO_InitStructure);                      //初始化串口输入 IO
GPIO_InitStructure.GPIO_Pin = GPIO_Pin_10;                 //RX //串口输入 PA10
GPIO_InitStructure.GPIO_Mode = GPIO_Mode_IN_FLOATING; //模拟输入
GPIO_Init(GPIOA,&GPIO_InitStructure);                      //初始化 GPIO
```

(3) 初始化串口参数，包含波特率、字长、奇偶校验等参数。

对串口通信相关参数初始化，其库函数如下。

```
void USART_Init(USART_TypeDef * USARTx, USART_InitTypeDef * USART_InitStruct);
```

USART_InitTypeDef 结构体类型定义了串口初始化的成员变量，代码如下。

```
typedef struct
{
uint32_t USART_BaudRate;                          //波特率
uint16_t USART_WordLength;                        //字长
uint16_t USART_StopBits;                          //停止位
uint16_t USART_Parity;                            //校验位
uint16_t USART_Mode;                              //USART 模式
uint16_t USART_HardwareFlowControl;               //硬件流控制
} USART_InitTypeDef;
```

(4) 使能串口要调用的库函数如下。

```
void USART_Cmd(USART_TypeDef * USARTx, FunctionalState NewState);
```

(5) 设置串口中断类型并使能,要调用的函数如下。

```
void USART_ITConfig(USART_TypeDef * USARTx, uint16_t USART_IT,FunctionalState NewState);
```

第一个参数选择串口,第二个参数选择串口中断类型,第三个参数用来使能或失能对应中断。

(6)设置串口中断优先级,使能串口中断通道。只要使用到中断,就必须对 NVIC 初始化。

(7) 编写串口中断服务函数。串口中断服务函数名在 STM32F1 启动文件内,函数名为 USART1_IRQHandler。此外,库函数中用来读取串口中断状态标志位的函数如下。

```
ITStatus USART_GetITStatus(USART_TypeDef * USARTx, uint16_t USART_IT);
```

在编写串口中断服务函数时,最后通常会调用一个清除中断标志位的函数,如下。

```
void USART_ClearFlag(USART_TypeDef * USARTx, uint16_t USART_FLAG);
```

串口接收函数如下。

```
uint16_t USART_ReceiveData(USART_TypeDef * USARTx);
```

串口发送函数如下。

```
void USART_SendData(USART_TypeDef * USARTx, uint16_t Data);
```

库函数中还有一个函数用来读取串口状态标志位,如下。

```
FlagStatus USART_GetFlagStatus(USART_TypeDef * USARTx, uint16_t USART_FLAG);
```

USART_GetITStatus 与 USART_GetFlagStatus 功能类似, USART_GetITStatus 函数会先判断是否使能串口中断,使能后才读取状态标志,而 USART_GetFlagStatus 函数直接读取状态标志。

三、实验步骤

(一) 实验任务一

本实验内容为:核心板上 D1 指示灯闪烁,打开串口调试助手,设置好波特率等信息后,串口调试助手软件接收到“Hello World”信息。

1. 硬件部分

本实验不需要另外接线,仅需要 USB 线一端连接计算机,另一端连接开发板,编译成功软件后在台式计算机运行串口调试助手,如图 5.16 所示。注意:要先勾选 DTR 框,然后取消勾选。这是因为此串口助手启动时会将系统复位,通过 DTR 状态切换下即可。接着设置好波特率等参数,在字符输入框中输入所要发送的数据“Hello World”,单击【发送】后,串口助手上的接受区即会收到芯片发送过来的内容“Hello World”。

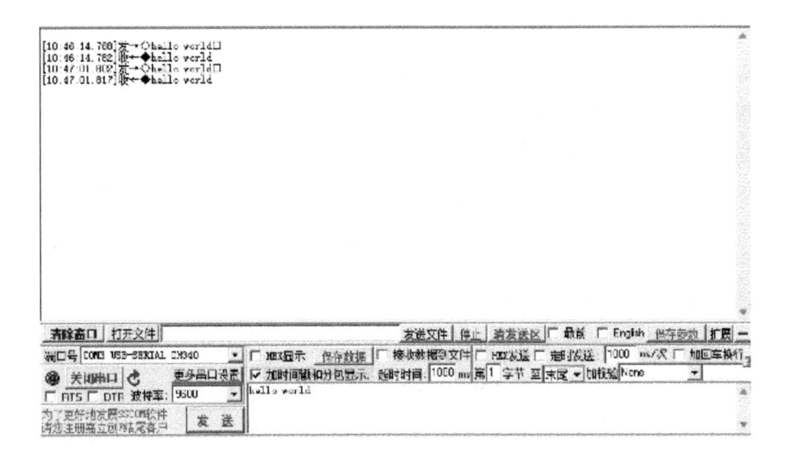

图 5.16　串口调试软件截图

2. 程序软件核心代码

在库函数模板中的 App 目录下，新建 usart. c。在 main. c 文件内编写代码如下。

```
#include "system.h"
#include "SysTick.h"
#include "led.h"
#include "usart.h"
int main()
{
    u8 i = 0;
    SysTick_Init(72);
    NVIC_PriorityGroupConfig(NVIC_PriorityGroup_2); //中断优先级分组 分 2 组
    LED_Init();
    USART1_Init(9600);
    while(1)
    {
        i++;
        if(i%20==0)
        {
            led1 = ! led1;
        }
        delay_ms(10);
    }
}
```

在 usart. c 文件内编写代码如下。

```
#include "usart.h"
void USART1_Init(u32 bound)
{
    //GPIO 端口设置
    GPIO_InitTypeDef GPIO_InitStructure;
    USART_InitTypeDef USART_InitStructure;
```

```
    NVIC_InitTypeDef NVIC_InitStructure;
    RCC_APB2PeriphClockCmd(RCC_APB2Periph_GPIOA,ENABLE);
    RCC_APB2PeriphClockCmd(RCC_APB2Periph_USART1,ENABLE);
    /*  配置 GPIO 的模式和 IO 口 */
    GPIO_InitStructure.GPIO_Pin = GPIO_Pin_9;//TX                    //串口输出 PA9
    GPIO_InitStructure.GPIO_Speed = GPIO_Speed_50MHz;
    GPIO_InitStructure.GPIO_Mode = GPIO_Mode_AF_PP;                  //复用推挽输出
    GPIO_Init(GPIOA,&GPIO_InitStructure); /*初始化串口输入 IO */
    GPIO_InitStructure.GPIO_Pin = GPIO_Pin_10;//RX                   //串口输入 PA10
    GPIO_InitStructure.GPIO_Mode = GPIO_Mode_IN_FLOATING;            //模拟输入
    GPIO_Init(GPIOA,&GPIO_InitStructure); /*初始化 GPIO */
    //USART1 初始化设置
    USART_InitStructure.USART_BaudRate = bound;                      //波特率设置
    USART_InitStructure.USART_WordLength = USART_WordLength_8b;      //字长为 8 位数据格式
    USART_InitStructure.USART_StopBits = USART_StopBits_1;           //一个停止位
    USART_InitStructure.USART_Parity = USART_Parity_No;              //无奇偶校验位
    USART_InitStructure.USART_HardwareFlowControl = USART_HardwareFlowControl_None;
                                                                     //无硬件数据流控制
    USART_InitStructure.USART_Mode = USART_Mode_Rx | USART_Mode_Tx;  //收发模式
    USART_Init(USART1, &USART_InitStructure);                        //初始化串口 1
    USART_Cmd(USART1, ENABLE);                                       //使能串口 1
    USART_ClearFlag(USART1, USART_FLAG_TC);
    USART_ITConfig(USART1, USART_IT_RXNE, ENABLE);                   //开启相关中断
    //Usart1 NVIC 配置
    NVIC_InitStructure.NVIC_IRQChannel = USART1_IRQn;                //串口 1 中断通道
    NVIC_InitStructure.NVIC_IRQChannelPreemptionPriority = 3;        //抢占优先级 3
    NVIC_InitStructure.NVIC_IRQChannelSubPriority = 3;               //子优先级 3
    NVIC_InitStructure.NVIC_IRQChannelCmd = ENABLE;                  //IRQ 通道使能
    NVIC_Init(&NVIC_InitStructure); //根据指定的参数初始化 VIC 寄存器、
}
void USART1_IRQHandler(void)                                         //串口 1 中断服务程序
{
    u8 r;
    u8 d;
    if(USART_GetITStatus(USART1, USART_IT_RXNE) != RESET)            //接收中断
    {
        r = USART_ReceiveData(USART1);//(USART1->DR);                //读取接收到的数据
        d=r++;
        USART_SendData(USART1,d);
        while(USART_GetFlagStatus(USART1,USART_FLAG_TC) != SET);
    }
```

```
    USART_ClearFlag(USART1,USART_FLAG_TC);
}
```

编译完代码后，将程序烧入 STM32 即可看到实验现象。

(二) 实验任务二

本实验内容为：硬件连接方法同实验任务一，修改工程代码，串口调试助手软件接收到单片机每秒发送的字符“a”。

在 main.c 文件内编写代码如下。

```
#include "stm32f10x.h"
#include <stdio.h>
#include "Delay.h"
#include "led.h"
#include "USART_Init_Config.h"
int main(void)
{
    char Temp = 'a';
    USART_Init_Config();
    while(1)
    {
        USART_ClearFlag (USART1, USART_FLAG_TC);
        USART_SendData (USART1,Temp) ;
        Delay_s(1);
    }

}
```

在 USART_Init_Config.c 文件内编写代码如下。

```
#include <stdio.h>
#include "USART_Init_Config.h"
void USART_Init_Config(void)
{
    GPIO_InitTypeDef GPIO_InitStructure;
    USART_InitTypeDef USART_InitStructure;
    RCC_APB2PeriphClockCmd(RCC_APB2Periph_USART1|RCC_APB2Periph_GPIOA, ENABLE);
    USART_DeInit(USART1);
    //USART1_TX   PA.9
    GPIO_InitStructure.GPIO_Pin = GPIO_Pin_9; //PA.9
    GPIO_InitStructure.GPIO_Speed = GPIO_Speed_50MHz;
    GPIO_InitStructure.GPIO_Mode = GPIO_Mode_AF_PP;
    GPIO_Init(GPIOA, &GPIO_InitStructure);
```

```
    //USART1_RX PA.10
    GPIO_InitStructure.GPIO_Pin = GPIO_Pin_10;
    GPIO_InitStructure.GPIO_Mode = GPIO_Mode_IN_FLOATING;
    GPIO_Init(GPIOA, &GPIO_InitStructure);
    USART_InitStructure.USART_BaudRate = 115200;
    USART_InitStructure.USART_WordLength = USART_WordLength_8b;
    USART_InitStructure.USART_StopBits = USART_StopBits_1;
    USART_InitStructure.USART_Parity = USART_Parity_No;
    USART_InitStructure.USART_HardwareFlowControl =
    USART_HardwareFlowControl_None;
    USART_InitStructure.USART_Mode = USART_Mode_Rx | USART_Mode_Tx;
    USART_Init(USART1, &USART_InitStructure);
    USART_Cmd(USART1, ENABLE);
}
```

在 Delay.c 文件内编写代码如下。

```
#include "stm32f10x.h"
void Delay_us(uint32_t xus)
{
  SysTick->LOAD = 72 * xus;                       //设置定时器重装值
  SysTick->VAL = 0x00;                            //清空当前计数值
  SysTick->CTRL = 0x00000005;                     //设置时钟源为 HCLK,启动定时器
  while(! (SysTick->CTRL & 0x00010000));          //等待计数到 0
  SysTick->CTRL = 0x00000004;                     //关闭定时器
}
void Delay_ms(uint32_t xms)
{
  while(xms--)
  {
      Delay_us(1000);
  }
}
void Delay_s(uint32_t xs)
{
  while(xs--)
  {
      Delay_ms(1000);
  }
}
```

编译完代码后，将程序烧入 STM32 即可看到实验现象，如图 5.17 所示。

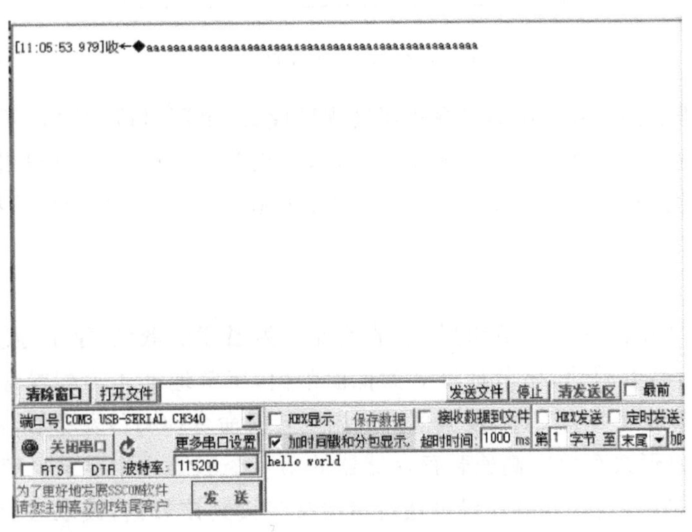

图 5.17　定周期接收数据实验现象

5.7　DS18B20 温度传感器实验

一、实验目的

(1) 了解 STM32 单片机的引脚结构。

(2) 学习 DS18B20 芯片的方法，学习如何获取温度数据。

二、实验原理

1. DS18B20 温度传感器

DS18B20 是由 DALLAS 半导体公司出产的温度传感器，其体积小、适用电压宽、与微处理器的接口简单。外观实物如图 5.18 所示，有 3 个引脚，引脚 1 为 GND，引脚 2 为数据 DQ，引脚 3 为 VDD。

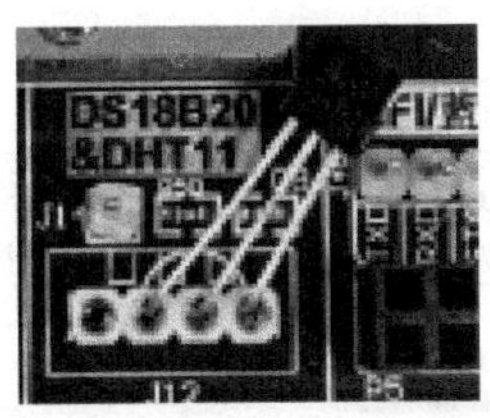

图 5.18　DS18B20 温度传感器外观图

DS18B20 温度传感器的内部存储器包括一个高速的暂存器 RAM 和一个非易失性的可电擦除的 EEPROM，后者存放高温度和低温度触发器 TH、TL 和配置寄存器。配置寄存器是配置不同的位数来确定温度和数字的转化，配置寄存器结构如图 5.19 所示。

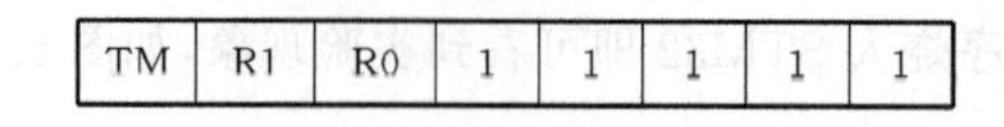

TM	R1	R0	1	1	1	1	1

图 5.19 配置寄存器结构

TM 是测试模式位，可设在工作模式还是测试模式；出厂时该位被设置为 0，不用改动。R1 和 R0 用来设置精度，R1 和 R0 为 00 时为 9 位，01 时为 10 位，10 时为 11 位，11 时为 12 位，对应的分辨率温度分别是 0.5℃，0.25℃，0.125℃和 0.062 5℃。初始默认精度是 12 位，即 R0＝1、R1＝1。

2. 计算温度值

高速暂存存储器由 9 个字节组成，字节地址 0 为温度值低位，字节地址 1 为温度值高位，字节地址 2 为高温限值，字节地址 3 为低温限值，字节地址 4 为配置寄存器，字节地址 5～7 为保留，字节地址 8 为 CRC 校验值。当温度转换命令(44H)发布后，经转换所得的温度值以二字节补码形式存放在高速暂存存储器的第 0 个和第 1 个字节。存储的两个字节，高字节的前 5 位是符号位 S，单片机可通过单线接口读到该数据，读取时低位在前，高位在后。如果测得的温度大于 0，这 5 位为 0，只要将测到的数值乘以 0.062 5(默认精度是12 位)即可得到实际温度；如果测得的温度小于 0，这 5 位为 1，测到的数值需要取反加 1 再乘以 0.062 5即可得到实际温度。

例如，我们要计算＋85 摄氏度，数据输出十六进制是 0×0550，因为高字节的高 5 位为 0，表明检测的温度是正温度，0×0550 对应的十进制为 1 360，将这个值乘以 12 位精度 0.062 5，所以可以得到＋85 摄氏度。

3. 读取温度方法

DS18B20 是单总线器件，所以要通过时序来获取数据。该芯片的时序包括：初始化时序、写(0 和 1)时序、读(0 和 1)时序。

1) 初始化时序

首先，主机输出低电平，保持低电平时间至少 480 μs(该时间的时间范围可以从 480～960 μs)，以产生复位脉冲；然后，主机释放总线，外部的上拉电阻将单总线拉高，延时 15～60 μs，并进入接收模式；最后，DS18B20 拉低总线 60～240 μs，以产生低电平应答脉冲，若为低电平，还要做延时，其延时的时间从外部上拉电阻将单总线拉高算起最少要 480 μs。初始化时序图如图 5.20 所示。

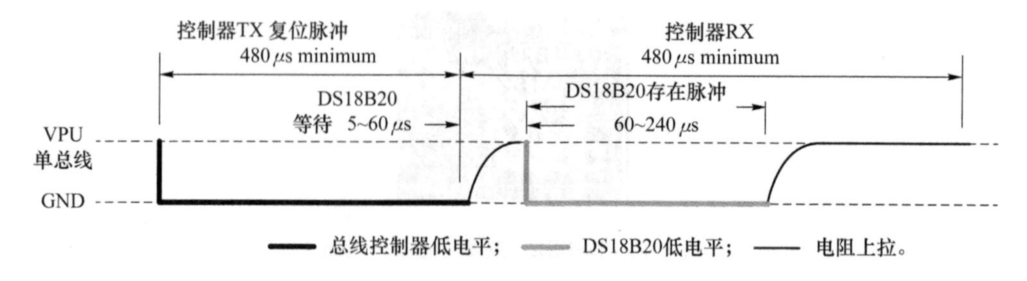

图 5.20 初始化时序图

2）写时序

写时序包括写 0 时序和写 1 时序。所有写时序至少需要 60 μs，且在 2 次独立的写时序之间至少需要 1 μs 的恢复时间，两种写时序均起始于主机拉低总线。写 1 时序：主机输出低电平，延时 2 μs；然后释放总线，延时 60 μs。写 0 时序：主机输出低电平，延时 60 μs；然后释放总线，延时 2 μs。写时序图如图 5.21 所示。

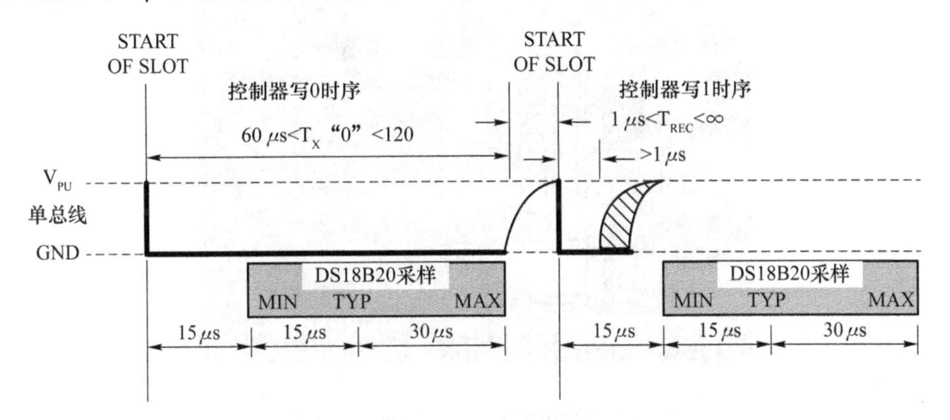

图 5.21　写时序图

3）读时序

单总线器件仅在主机发出读时序时，才向主机传输数据，所以在主机发出读数据命令后，必须马上产生读时序，以便从机能够传输数据。所有读时序至少需要 60 μs，且在 2 次独立的读时序之间至少需要 1 μs 的恢复时间。读时序都由主机发起，至少拉低总线 1 μs。主机在读时序期间必须释放总线，并且在时序起始后的 15 μs 之内采样总线状态。读时序图如图 5.22 所示。

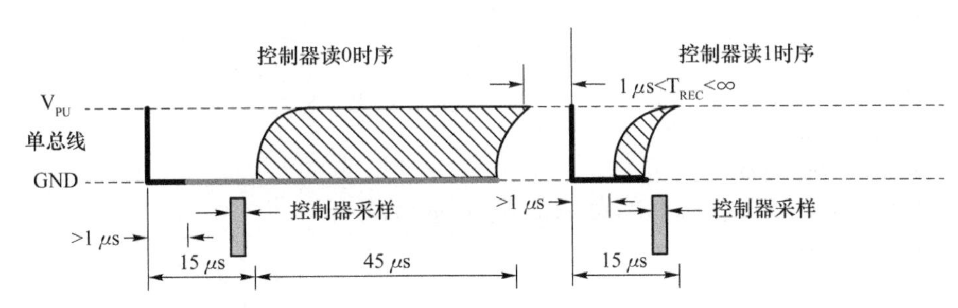

图 5.22　读时序图

综上所述，芯片的温度读取过程：复位→发 SKIP ROM 命令（0×CC）→发开始转换命令（0×44）→延时→复位→发送 SKIP ROM 命令（0×CC）→发读存储器命令（0×BE）→连续读出两个字节数据（即温度）→结束。

三、实验步骤

本实验内容为：首先检测 DS18B20 温度传感器是否存在，若存在输出相应的提示信息；然后读取 DS18B20 测试的温度，并通过串口调试助手输出。

1. 硬件部分

DS18B20 温度传感器模块旁的 J14 连线到单片机底座的引脚 P37，即 STM32 的 PA15，如图 5.23 所示。

图 5.23　DS18B20 温度传感器硬件接线图

2. 程序软件核心代码

在库函数模板中的 App 目录下，新建 ds18b20.c。在 main.c 文件内编写代码如下。

```
#include "system.h"
#include "SysTick.h"
#include "led.h"
#include "usart.h"
#include "ds18b20.h"
int main()
{
    u8 i = 0;
    float temper;
    SysTick_Init(72);
    NVIC_PriorityGroupConfig(NVIC_PriorityGroup_2);
    LED_Init();
    USART1_Init(9600);
    while(DS18B20_Init())
    {
        printf("DS18B20 检测失败，请插好！ \r\n");
        delay_ms(500);
    }
    printf("DS18B20 检测成功！ \r\n");

    while(1)
    {
        i++;
```

```
        if(i % 20 == 0)
        {
            led1 = ! led1;
        }

        if(i % 50 == 0)
        {
            temper = DS18B20_GetTemperture();
            if(temper < 0)
            {
                printf("检测的温度为:-");
            }
            else
            {
                printf("检测的温度为:");
            }
            printf(" % .2f°C\r\n",temper);
        }
        delay_ms(10);
    }
}
```

在 ds18b20. c 文件内编写代码如下。

```
#include "ds18b20.h"
#include "SysTick.h"
void DS18B20_IO_IN(void)
{
    GPIO_InitTypeDef GPIO_InitStructure;

    GPIO_InitStructure.GPIO_Pin = DS18B20_PIN;
    GPIO_InitStructure.GPIO_Mode = GPIO_Mode_IPU;
    GPIO_Init(DS18B20_PORT,&GPIO_InitStructure);
}
void DS18B20_IO_OUT(void)
{
    GPIO_InitTypeDef   GPIO_InitStructure;

    GPIO_InitStructure.GPIO_Pin = DS18B20_PIN;
    GPIO_InitStructure.GPIO_Speed = GPIO_Speed_50MHz;
    GPIO_InitStructure.GPIO_Mode = GPIO_Mode_Out_PP;
    GPIO_Init(DS18B20_PORT,&GPIO_InitStructure);
}
```

```
void DS18B20_Reset(void)
{
    DS18B20_IO_OUT();                   //SET PG11 OUTPUT
    DS18B20_DQ_OUT = 0;                 //拉低 DQ
    delay_us(750);                      //拉低 750us
    DS18B20_DQ_OUT = 1;                 //DQ = 1
    delay_us(15);                       //15US
}
u8 DS18B20_Check(void)
{
    u8 retry = 0;
    DS18B20_IO_IN();//SET PG11 INPUT
    while (DS18B20_DQ_IN&&retry < 200)
    {
        retry++;
        delay_us(1);
    };
    if(retry >= 200)return 1;
    else retry = 0;
    while (! DS18B20_DQ_IN&&retry < 240)
    {
        retry++;
        delay_us(1);
    };
    if(retry >= 240)return 1;
    return 0;
}
u8 DS18B20_Read_Bit(void)               // 读取一位
{
    u8 data;
    DS18B20_IO_OUT();                   //SET PG11 OUTPUT
    DS18B20_DQ_OUT = 0;
    delay_us(2);
    DS18B20_DQ_OUT = 1;
    DS18B20_IO_IN();                    //SET PG11 INPUT
    delay_us(12);
    if(DS18B20_DQ_IN)data = 1;
    else data = 0;
    delay_us(50);
    return data;
}
```

```
u8 DS18B20_Read_Byte(void)                  //读取一个字节
{
    u8 i,j,dat;
    dat = 0;
    for (i = 1;i <= 8;i ++ )
    {
        j = DS18B20_Read_Bit();
        dat = (j << 7)|(dat >> 1);
    }
    return dat;
}
void DS18B20_Write_Byte(u8 dat)
{
    u8 j;
    u8 testb;
    DS18B20_IO_OUT();                       //设置 PG1 输出
    for (j = 1;j <= 8;j ++ )
    {
        testb = dat&0x01;
        dat = dat >> 1;
        if (testb)
        {
            DS18B20_DQ_OUT = 0;             //写 1
            delay_us(2);
            DS18B20_DQ_OUT = 1;
            delay_us(60);
        }
        else
        {
            DS18B20_DQ_OUT = 0;             //写 0
            delay_us(60);
            DS18B20_DQ_OUT = 1;
            delay_us(2);
        }
    }
}
void DS18B20_Start(void)                    // ds1820 启动
{
    DS18B20_Reset();
    DS18B20_Check();
    DS18B20_Write_Byte(0xcc);               //
```

```
    DS18B20_Write_Byte(0x44);//转换
}

u8 DS18B20_Init(void)
{
    GPIO_InitTypeDef  GPIO_InitStructure;
    RCC_APB2PeriphClockCmd(DS18B20_PORT_RCC,ENABLE);
    GPIO_PinRemapConfig(GPIO_Remap_SWJ_Disable,ENABLE);
    GPIO_InitStructure.GPIO_Pin = DS18B20_PIN;
    GPIO_InitStructure.GPIO_Speed = GPIO_Speed_50MHz;
    GPIO_InitStructure.GPIO_Mode = GPIO_Mode_Out_PP;
    GPIO_Init(DS18B20_PORT,&GPIO_InitStructure);
    DS18B20_Reset();
    return DS18B20_Check();
}
float DS18B20_GetTemperture(void)
{
    u16 temp;
    u8 a,b;
    float value;
    DS18B20_Start();                    // ds1820 启动
    DS18B20_Reset();
    DS18B20_Check();
    DS18B20_Write_Byte(0xcc);
    DS18B20_Write_Byte(0xbe);//转换
    a = DS18B20_Read_Byte(); // LSB
    b = DS18B20_Read_Byte(); // MSB
    temp = b;
    temp = (temp << 8) + a;
    if((temp&0xf800) == 0xf800)
    {
        temp = (~temp) + 1;
        value = temp * (-0.0625);
    }
    else
    {
        value = temp * 0.0625;
    }
    return value;
}
```

在串口调试助手可以看到测得的实时温度，如图 5.24 所示。

图 5.24　实时温度显示截图

5.8　红外遥控实验

一、实验目的

(1) 了解 STM32 单片机的引脚结构。

(2) 学习红外遥控的使用方法。

二、实验原理

1. 红外遥控原理

红外线遥控是利用波长为 0.76～1.5 μm 的近红外线来传送控制信号的。红外遥控通信系统一般由红外发射装置和红外接收设备两部分组成。

红外发射装置是由键盘电路、红外编码电路、电源电路和红外发射电路组成。本实验采用的是开发板内红外遥控器来发射红外线，其原理为是将遥控信号(二进制脉冲码)调制在 38 kHz 的载波上，经缓冲放大后送至红外发光二极管，转化为红外信号发射出去。本实验的红外遥控器使用的是 NEC 协议，NEC 码的位定义：一个脉冲对应 560 μs 的连续载波，一个逻辑 1 传输需要 2.25 ms(560 μs 脉冲＋1 680 μs 低电平)，一个逻辑 0 的传输需要 1.125 ms (560 μs 脉冲＋560 μs 低电平)。红外接收头在收到脉冲的时候为低电平，在没有脉冲的时候为高电平。接收头端收到的信号为：逻辑 1 应该是 560 μs 低＋1 680 μs 高，逻辑 0 应该是 560 μs 低＋560 μs 高。所以，可以通过计算高电平时间判断接收到的数据是 0 还是 1。

NEC 遥控指令的数据格式为：引导码、地址码、地址反码、控制码、控制反码。引导码由一个 9 ms 的低电平和一个 4.5 ms 的高电平组成，地址码、地址反码、控制码、控制反码均是 8 位数据格式。按照低位在前、高位在后的顺序发送。采用反码是为了增加传输的可靠性(可用于校验)。

NEC 遥控指令的格式如下。

引导码		地址码								地址反码								控制码								控制反码							
L	H																																

2. 红外接收设备

红外接收设备是由红外接收电路、红外解码、电源和应用电路组成。红外遥控接收器的主要作用是将遥控发射器发来的红外光信好转换成电信号，然后放大、限幅、检波、整形，形成遥控指令脉冲，输出至遥控微处理器。实验板上安装了一个红外接收头，如图 5.25 所示。

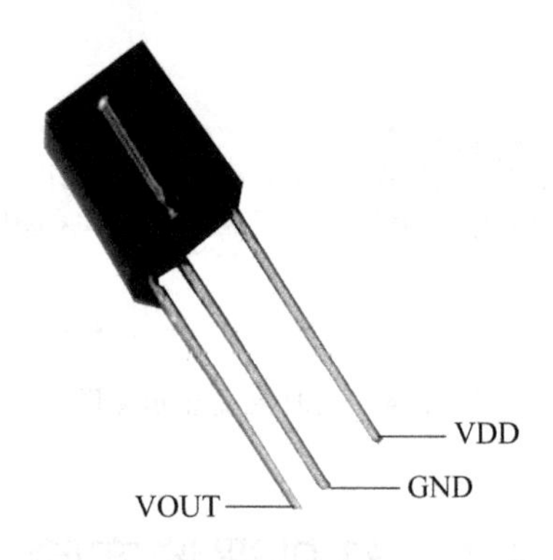

图 5.25　红外接收器实物图

正对接收头的凸起处看，从左至右，依次是引脚 1：VOUT，引脚 2：GND，引脚 3：VDD。由于红外接收头在没有脉冲时为高电平，当收到脉冲时为低电平，所以可以通过外部中断的下降沿触发中断，在中断内通过计算高电平时间来判断接收到的数据是 0，还是 1。

二、实验步骤

本实验内容为：使用外部中断功能将遥控器键值编码数据解码，当按下遥控器不同的按键时，开发板上的 LED 灯的状态反转。

1. 硬件部分

开发板上的红外接收模块的原理图如图 5.26 所示，J11 接线到核心板 P32(即 STM32 的 PA8)，P27(即 STM32 的 PB0)接线到 LED 灯 1。接线图如图 5.27 所示。

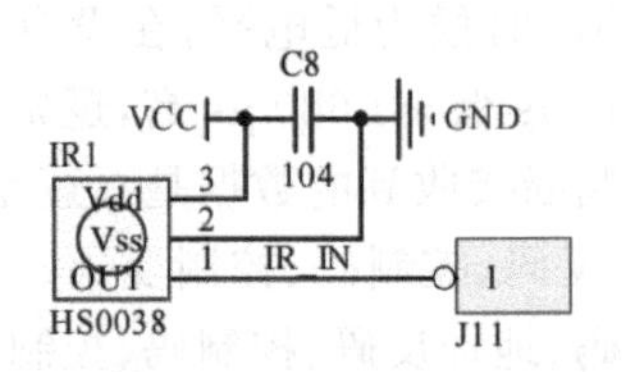

图 5.26　红外接收模块原理图

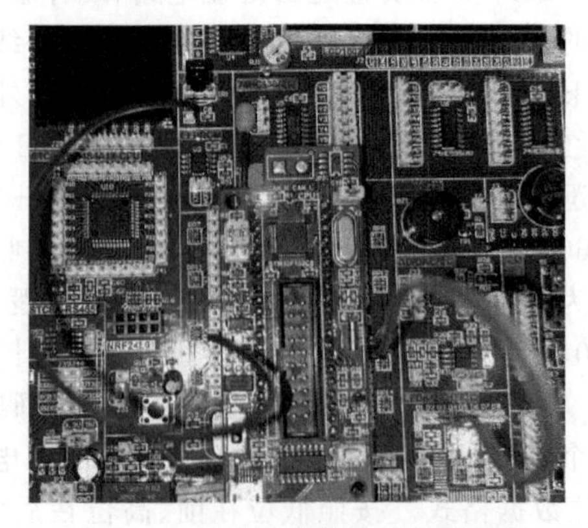

图 5.27　红外接收模块硬件接线图

2. 软件部分

在 main.c 文件内编写代码如下。

```
int main()
{
    u8 i = 0;
    u8 Date1 = 0;
    SysTick_Init(72);
    NVIC_PriorityGroupConfig(NVIC_PriorityGroup_2);  //中断优先级分组
    LED_Init();                                      //LED 初始化
    Hwjs_Init();                                     //红外线初始化
    while(1)
    {

        if(hw_jsbz == 1)                             //如果接收到红外线
        {

            hw_jsbz = 0;                             //清零
            if(Date1! = hw_jsm)       //如果接收到与上次不同的红外线代码
            {
    GPIO_WriteBit(GPIOB,GPIO_Pin_0,(BitAction)(1-GPIO_ReadOutputDataBit(GPIOB,GPIO_Pin_0)));
            }
        Date1 = hw_jsm;
            hw_jsm = 0;                              //清零
        }
        i++;
        if(i % 20 == 0)
        {
            led1 = ! led1;
        }

        delay_ms(10);
    }
}
```

在库函数模板中的 App 目录下，新建 hwjs.c 文件在文件内编写代码如下。

```
#include "hwjs.h"
#include "SysTick.h"
u32 hw_jsm;         //定义一个 32 位数据变量，保存接收码
u8 hw_jsbz;         //定义一个 8 位数据的变量，用于指示接收标志
void Hwjs_Init()
{
```

```
    GPIO_InitTypeDef GPIO_InitStructure;
    EXTI_InitTypeDef EXTI_InitStructure;
    NVIC_InitTypeDef NVIC_InitStructure;
    /* 开启 GPIO 时钟及引脚复用时钟 */
    RCC_APB2PeriphClockCmd(RCC_APB2Periph_GPIOA|RCC_APB2Periph_AFIO,ENABLE);
    GPIO_InitStructure.GPIO_Pin = GPIO_Pin_8;                    //红外接收
    GPIO_InitStructure.GPIO_Mode = GPIO_Mode_IPU;
    GPIO_Init(GPIOA,&GPIO_InitStructure);
    GPIO_EXTILineConfig(GPIO_PortSourceGPIOA, GPIO_PinSource8); //选择 GPIO 引脚用作外部
                                                                  中断线路
    EXTI_ClearITPendingBit(EXTI_Line8);
    /* 设置外部中断的模式 */
    EXTI_InitStructure.EXTI_Line = EXTI_Line8;
    EXTI_InitStructure.EXTI_Mode = EXTI_Mode_Interrupt;
    EXTI_InitStructure.EXTI_Trigger = EXTI_Trigger_Falling;
    EXTI_InitStructure.EXTI_LineCmd = ENABLE;
    EXTI_Init(&EXTI_InitStructure);
    /* 设置 NVIC 参数 */
    NVIC_InitStructure.NVIC_IRQChannel = EXTI9_5_IRQn;           //打开全局中断
    NVIC_InitStructure.NVIC_IRQChannelPreemptionPriority = 0;    //抢占优先级为 0
    NVIC_InitStructure.NVIC_IRQChannelSubPriority = 1;           //响应优先级为 1
    NVIC_InitStructure.NVIC_IRQChannelCmd = ENABLE;              //使能
    NVIC_Init(&NVIC_InitStructure);
}
u8 HW_jssj()
{
    u8 t = 0;
    while(GPIO_ReadInputDataBit(GPIOA,GPIO_Pin_8) == 1)          //高电平
    {
        t++;
        delay_us(20);
        if(t >= 250) return t;                    //超时溢出
    }
    return t;
}
void EXTI9_5_IRQHandler(void)                     //红外遥控外部中断
{
    u8 Tim = 0,Ok = 0,Data,Num = 0;
    while(1)
    {
        if(GPIO_ReadInputDataBit(GPIOA,GPIO_Pin_8) == 1)
        {
```

```
            Tim = HW_jssj();                    //获得此次高电平时间
            if(Tim >= 250) break;               //不是有用的信号
            if(Tim >= 200 && Tim < 250)
            {
                Ok = 1;                         //收到起始信号
            }
            else if(Tim >= 60 && Tim < 90)
            {
                Data = 1;                       //收到数据 1
            }
            else if(Tim >= 10 && Tim < 50)
            {
                Data = 0;                       //收到数据 0
            }
            if(Ok == 1)
            {
            hw_jsm <<= 1;
            hw_jsm += Data;
            if(Num >= 32)
            {
            hw_jsbz = 1;
            break;
                }
                }
            Num++;
        }
    }
    EXTI_ClearITPendingBit(EXTI_Line8);
}
```

可以看出，在 main 函数中，通过获取每次的接收码 hw_jsm，并与上次的存储值进行比较，就可以得知是否发生变化，从而控制 LED 灯状态的反转。

本章小结

本章介绍了基于开发板和 STM32 核心板的实验，分析了实验的原理，讲述了实验步骤和关键代码。通过本章的实验，学生可以学习 STM32 芯片的使用方法，为进一步单片机的开发和应用奠定基础。